国家卫生健康委员会"十四五"规划教材

全国中等卫生职业教育教材

供护理专业用

生物化学基础

第4版

主　编　王春梅　张文利

副主编　刘保东　柳晓燕

编　者（以姓氏笔画为序）

于美春（山东省烟台护士学校）

王春梅（山东省临沂卫生学校）

刘　苗（山东省临沂卫生学校）

刘保东（山西省长治卫生学校）

孙江山（重庆市医药卫生学校）

张文利（山东省济宁卫生学校）

张亚平（云南省临沧卫生学校）

柳晓燕（安徽省淮南卫生学校）

徐　燕（山东医学高等专科学校）

人民卫生出版社

·北京·

图书在版编目（CIP）数据

生物化学基础/王春梅，张文利主编. —4 版. —
北京：人民卫生出版社，2022.11（2025.10 重印）
ISBN 978-7-117-33952-0

Ⅰ.①生… Ⅱ.①王… ②张… Ⅲ.①生物化学－医
学院校－教材 Ⅳ.①Q5

中国版本图书馆 CIP 数据核字（2022）第 203265 号

人卫智网	www.ipmph.com	医学教育、学术、考试、健康，购书智慧智能综合服务平台
人卫官网	www.pmph.com	人卫官方资讯发布平台

生物化学基础
Shengwu Huaxue Jichu
第 4 版

主　　编：王春梅　张文利
出版发行：人民卫生出版社（中继线 010-59780011）
地　　址：北京市朝阳区潘家园南里 19 号
邮　　编：100021
E - mail：pmph @ pmph.com
购书热线：010-59787592　010-59787584　010-65264830
印　　刷：北京汇林印务有限公司
经　　销：新华书店
开　　本：850×1168　1/16　印张：11
字　　数：234 千字
版　　次：1999 年 10 月第 1 版　2022 年 11 月第 4 版
印　　次：2025 年 10 月第 4 次印刷
标准书号：ISBN 978-7-117-33952-0
定　　价：42.00 元

打击盗版举报电话：010-59787491　E-mail：WQ @ pmph.com
质量问题联系电话：010-59787234　E-mail：zhiliang @ pmph.com
数字融合服务电话：4001118166　E-mail：zengzhi @ pmph.com

修订说明

为服务卫生健康事业高质量发展，满足高素质技术技能人才的培养需求，人民卫生出版社在教育部、国家卫生健康委员会的领导和支持下，按照新修订的《中华人民共和国职业教育法》实施要求，紧紧围绕落实立德树人根本任务，依据最新版《职业教育专业目录》和《中等职业学校专业教学标准》，由全国卫生健康职业教育教学指导委员会指导，经过广泛的调研论证，启动了全国中等卫生职业教育护理、医学检验技术、医学影像技术、康复技术等专业第四轮规划教材修订工作。

第四轮修订坚持以习近平新时代中国特色社会主义思想为指导，全面落实党的二十大精神进教材和《习近平新时代中国特色社会主义思想进课程教材指南》《"党的领导"相关内容进大中小学课程教材指南》等要求，突出育人宗旨、就业导向，强调德技并修、知行合一，注重中高衔接、立体建设。坚持一体化设计，提升信息化水平，精选教材内容，反映课程思政实践成果，落实岗课赛证融通综合育人，体现新知识、新技术、新工艺和新方法。

第四轮教材按照《儿童青少年学习用品近视防控卫生要求》（GB 40070—2021）进行整体设计，纸张、印刷质量以及正文用字、行空等均达到要求，更有利于学生用眼卫生和健康学习。

前　言

为全面落实党的二十大精神进教材要求，本教材修订按照职业教育国家教学标准体系相关文件要求，紧扣中等职业教育护理专业培养目标，遵循"三基、五性"原则，优化知识结构和内容，强化基本技能培养，力争契合课程思政实施要求，发挥教材的育人育才作用。

全书共十一章，内容包括绪论、蛋白质的结构与功能、核酸的结构与功能、酶、生物氧化、糖代谢、脂类代谢、核酸代谢、蛋白质代谢、水盐代谢和酸碱平衡、肝胆生物化学。全书内容力求简明扼要地将生物化学的基本理论、基本知识及生物化学领域的最新进展编入各章节，突出重点、难点和考点。

本次修订突出了"简""突""增""用""精""德"六个方面。"简"体现在内容精炼实用，删减原版教材选讲内容，删减知识过深内容，简化代谢途径；"突"是突出关键酶和其生理意义；"增"是增加"三新"（新技术、新工艺、新规范），并及时更新数字内容；"用"是学以致用，用案例说明问题，将生化与生活联系、与临床结合；"精"是概念准确、语言精练；"德"是挖掘思政教育元素，有效渗入教材，如学习目标中增加思政育人目标内容，体现课程思政育人理念，导入情景优选思政案例。教材编排精细，体例新颖全面，如正文中设有"知识拓展""临床应用""生化学而思"等特色栏目，正文后用思维导图进行章末小结，内容清晰明了，章末附有思考与练习。

本教材适用于中等职业学校护理专业的生物化学教学需要，也可供相关专业工作者参考。

本教材修订过程中得到各编者所在单位的大力支持，在此一并表示衷心的感谢。

由于水平有限，本教材难免存在不足之处，诚恳地希望同行专家、使用本教材的师生及其他读者提出宝贵意见与建议。

王春梅　张文利
2023 年 9 月

目　录

第一章 | 绪 论

01章 数字内容

学习目标

1. 具有敬佑生命、救死扶伤、甘于奉献、大爱无疆的职业精神。
2. 掌握生物化学的概念。
3. 熟悉生物化学研究的主要内容。
4. 了解生物化学发展简史以及与医学的关系。
5. 学会应用生物化学知识为临床护理服务。

工作情景与任务

导入情景：

"把生命理解成化学"

1982 年 10 月 12 日，诺贝尔奖获得者 Marshall Warren Nirenberg 教授在美国哈佛医学院建校二百周年纪念会上做的题为"把生命理解成化学"的演讲结束语如下：

我们的目的是要以合理的表达方法尽可能多地理解生命现象，而生命的许多方面都可用化学语言来表达。这是一个真正的世界语言，它是连接物理学与生物学、天文学与地理学、医学与农学的纽带。化学语言极为丰富多彩，它能产生出最美的图画。我们应该传授和运用化学评议，代替我们自己、我们的环境和我们的社会表达出最直观的描述。

工作任务：

1. 充分认识生命体是化学物质的有机结合。
2. 理解化学知识是学习生命科学、医学科学等知识的纽带。

第一节 概　述

生物化学是生命科学领域的前沿学科,是重要的基础医学课程,同时与其他医学学科有着广泛的联系。掌握生物化学知识,对每位医学生学好后续基础医学及临床医学课程是十分必要的。

一、生物化学的概念

生物化学是研究生命的化学,即研究生物体内的化学分子与化学反应,从分子水平探讨生命现象本质的科学。医学生物化学的研究对象是人体。

二、生物化学研究的内容

（一）生物体的物质组成

生物体是由无机物和有机物组成。无机物包括水和无机盐;有机物包括有机小分子和生物大分子。有机小分子包括单糖、氨基酸、核苷酸、维生素和有机酸等;生物大分子包括蛋白质、脂类、多糖、核酸等。所有这些物质有序的、按一定的形式,构成生物体的结构。

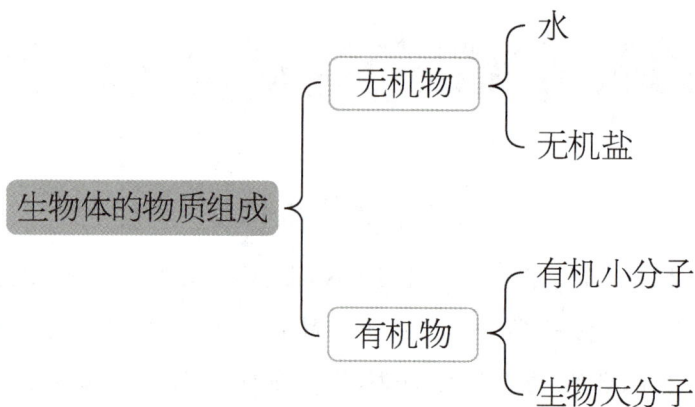

生物体的物质组成 ── 无机物 ── 水 / 无机盐 ; 有机物 ── 有机小分子 / 生物大分子

（二）生物大分子的结构与功能

生物大分子是生物与非生物在化学组成上的分水岭。生物大分子的结构与其功能密切相关,结构是功能的基础,结构的变化可引起功能的改变,因此对生物大分子结构与功能的研究,是在分子水平上揭示生命现象本质的基础。

（三）物质代谢及其调节

生命活动的基本特征是新陈代谢。生物体与外界环境之间进行物质和能量的交换以及生物体内物质和能量的转变过程,称为新陈代谢。它包括物质代谢和能量代谢,物质代谢又包括合成代谢与分解代谢。机体通过合成代谢维持其生长、发育、更新和修复,通过分解代谢产生能量和排出废物。

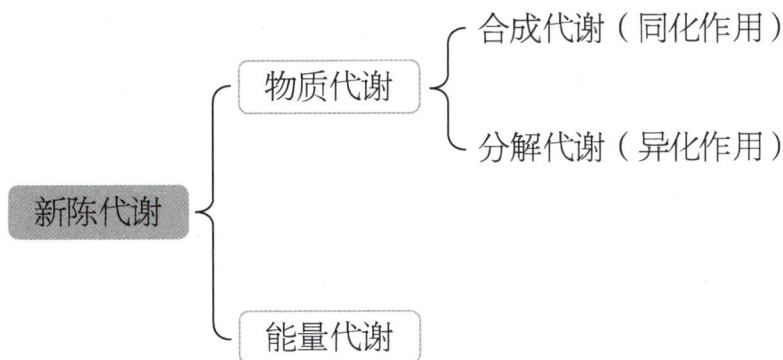

```
                        ┌ 合成代谢（同化作用）
            ┌ 物质代谢 ┤
            │          └ 分解代谢（异化作用）
   新陈代谢 ┤
            │
            └ 能量代谢
```

新陈代谢是在生物体高效、精确的调节控制之下进行的，物质代谢和能量代谢处于动态平衡之中，从而使生物体保持健康状态。

（四）遗传信息的传递与表达

生物体在繁衍后代的同时，能将其性状从亲代传给子代，且代代相传，保持其性状的稳定，这就是生物体遗传信息传递和表达的结果。核酸是遗传的物质基础，分为 DNA 和 RNA 两大类。DNA 是遗传信息的载体，RNA 参与遗传信息表达的各个阶段，遗传信息表达的结果是合成各种具有功能的蛋白质。

第二节　生物化学发展简史

生物化学的研究始于 18 世纪，20 世纪初期作为一门独立的学科从生理学中分离而形成，20 世纪下半叶发展迅猛，成为生命科学的前沿学科。

一、生物化学发展概要

（一）叙述生物化学阶段

从 18 世纪中叶至 20 世纪初，是生物化学发展的初期阶段，主要研究生物体的化学组成（表1-1）。

表1-1　叙述生物化学阶段的主要发现

时间	主要发现及意义
1775 年	K.Scheele 发现生物体内各组织的化学组成，使生命不再神秘
1785 年	A.L.Lavoisier 证明动物呼吸过程中消耗氧气，放出热量
1828 年	F.Wöhler 将氰化酸铵转变成了尿素，打破了有机和无机刚性分界
1850 年	Bernard 发现肝糖原变成血糖
1869 年	F.Miescher 发现核酸
1897 年	E.Buchner 发现破碎的酵母细胞滤液仍能使糖发酵，是酶学研究的开始

（二）动态生物化学阶段

从 20 世纪初至 20 世纪中叶，是生物化学蓬勃发展的阶段，主要研究生物体内物质代谢途径及其代谢调节（表 1-2）。

表 1-2　动态生物化学阶段的主要发现

时间	主要发现及意义
1905 年	E.H. Starling 首次提出激素，并宣布促胰液素是第一个被发现的激素
1926 年	J.B.Sumner 从刀豆种子中分离并提纯脲酶结晶，并证明其化学本质是蛋白质
1926 年	O.H.Warburg 发现了细胞色素氧化酶，为呼吸链的研究奠定了基础
1932 年	H.A.Krebs 发现鸟氨酸循环
1937 年	H.A.Krebs 发现三羧酸循环，从而把三大营养物质代谢联系在一起
1940 年	G.Embden, O.Meyerhof, J.K.Parnas 阐明了糖酵解途径
1944 年	O.T.Avery 的细菌转化实验证明 DNA 是遗传物质

（三）分子生物学阶段

20 世纪后半叶至今，生物化学进入分子生物学阶段。50 年代 DNA 双螺旋结构模型的提出，是进入分子生物学阶段的重要标志。这个时期生物化学发展迅猛，研究硕果累累（表 1-3）。

表 1-3　分子生物学阶段的主要发现

时间	主要发现及意义
1953 年	J.Watson, F.Crick 提出 DNA 的双螺旋结构模型，从此进入了分子生物学时代
1958 年	F.Crick 提出遗传的中心法则，奠定了生物界遗传信息的传递规律
1966 年	M.W.Nirenberg 破译了遗传密码，明确遗传信息传递具体过程
1970 年	H.M.Temin, D.Baltimore 发现反转录酶，使中心法则得到了扩充和完善
1972 年	P.Berg 成功完成了世界上第一次 DNA 体外重组实验
1973 年	H.Boyer, S.Cohen 创建了 DNA 克隆技术，开创了分子生物学的新时代
1982 年	S.Altman, T.R.Cech 发现 RNA 自身具有催化功能，挑战了酶的传统概念
1985 年	K.B.Mullis 发明聚合酶链反应（polymerase chain reaction, PCR），是分子生物学技术中最具革命的成果
1997 年	L.Wilmut 利用成年体细胞克隆羊"多莉"
2003 年	完成人类基因组序列图，使人们对生命本质有了更深的认识

二、我国对生物化学发展的贡献

我国古代劳动人民在饮食、医疗和营养的实践中就应用了生物化学知识，如用粮食、大豆等酿酒、制酱、制醋；又如用海藻治疗甲状腺肿，用含维生素 B_1 丰富的草药治疗"脚气病"，用维生素 A 含量丰富的猪肝治疗"夜盲症"等。

近代生物化学家吴宪等在血液分析方面，创立了血糖测定方法；在蛋白质研究方面，提出了蛋白质变性学说。1965 年，我国在世界上首先采用人工方法合成了具有生物活性的牛胰岛素；1981 年，又成功地人工合成了酵母丙氨酰 -tRNA；1990 年开始实施的人类基因组计划，中国承担了 1% 的测序任务；在后基因组计划研究中，对于肝脏蛋白组的研究，中国处于领先地位。随着国家的昌盛和发展，中国科技工作者在生物化学领域的地位和作用越来越重要。

第三节　生物化学与医学

生物化学的理论和技术已广泛应用于医学各个领域。

一、生物化学与护理工作

生物化学作为护理学的一门专业基础课，在营养、保健、治疗用药、执行护理程序等方面，为护理学临床应用提供了理论依据。如学习蛋白质、核酸，有利于对消毒灭菌、抗生素和抗癌药等作用原理、不良反应等的理解；又如学习物质代谢，有利于对糖尿病、痛风、肝性脑病等代谢性疾病的发生、发展、防治、预后等问题的认识，能在临床护理工作中有针对性地护理并进行有效的健康教育。

二、生物化学与健康

从生物化学角度来看，健康是指人体内代谢的各种化学反应与体内正常生理活动相适应的状态。生物、心理、社会和环境等因素均可以影响机体代谢，进而引起不同的生理反应。例如，当机体受到创伤、感染、悲哀、恐惧、噪声等因素刺激时，物质分解代谢加快，血糖升高，耗能增加，水盐代谢紊乱等，这些变化均与健康息息相关。

生物化学可以在分子水平上探讨病因、诊断疾病、寻求防治方法，使疾病的诊断和防治更加精准。新药的研究开发与生物化学也有密切关系，如利用基因工程生产的胰岛素、生长激素、新冠疫苗等生物制品，已广泛应用于临床。生物化学知识，还能指导人们合理营养，增强体质，延缓衰老，维持健康。

人类基因组计划

人类基因组计划（Human Genome Project, HGP），与曼哈顿计划和阿波罗计划并称为 20 世纪三大科学计划,被誉为生命科学的"登月计划"。1985 年由美国科学家率先提出,于 1990 年正式启动,美国、英国、法国、德国、日本和中国科学家共同参与。中国是参与这一计划的唯一发展中国家,承担了其中 1% 的测序任务。人类基因组计划是一项规模宏大,跨国跨学科的科学探索工程。其宗旨在于测定组成人类 22 条常染色体及 X 和 Y 性染色体上所包含的 3.16×10^9 bp 所组成的核苷酸序列,从而绘制人类基因组图谱,并且辨识其载有的基因及其序列,达到破译人类遗传信息的最终目的。

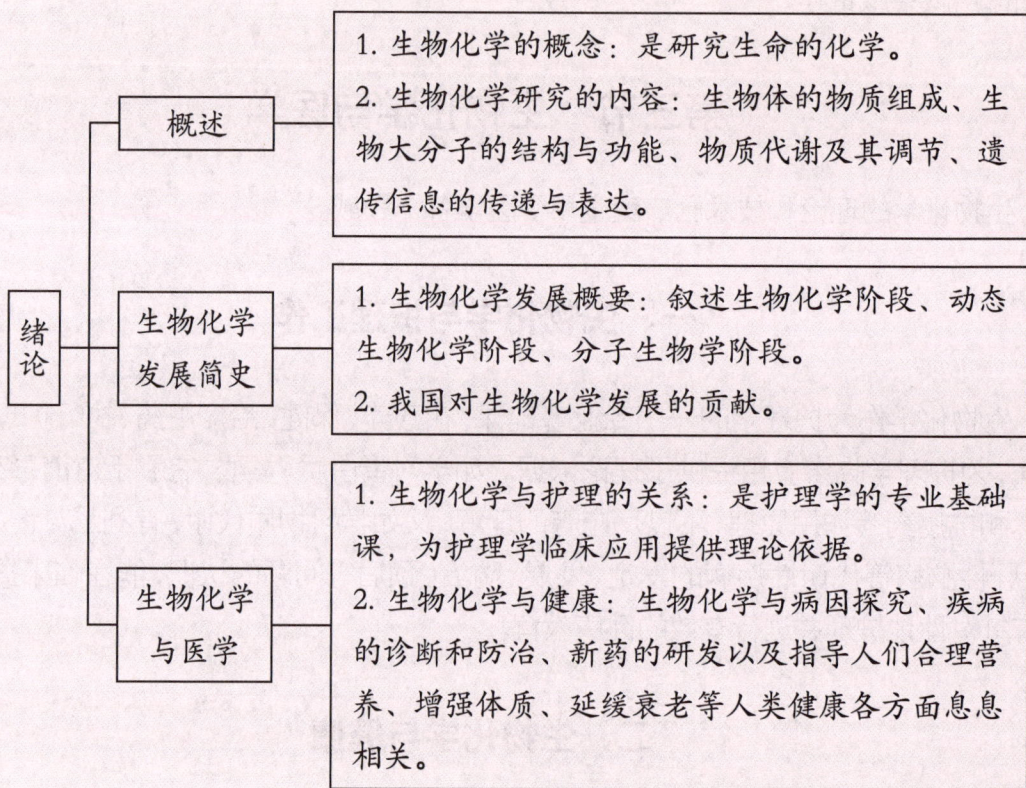

章末小结

绪论

概述
1. 生物化学的概念：是研究生命的化学。
2. 生物化学研究的内容：生物体的物质组成、生物大分子的结构与功能、物质代谢及其调节、遗传信息的传递与表达。

生物化学发展简史
1. 生物化学发展概要：叙述生物化学阶段、动态生物化学阶段、分子生物学阶段。
2. 我国对生物化学发展的贡献。

生物化学与医学
1. 生物化学与护理的关系：是护理学的专业基础课,为护理学临床应用提供理论依据。
2. 生物化学与健康：生物化学与病因探究、疾病的诊断和防治、新药的研发以及指导人们合理营养、增强体质、延缓衰老等人类健康各方面息息相关。

（王春梅）

? 思考与练习

1. 简述生物化学研究的主要内容。
2. 简述生物化学与健康的关系。

第二章 | 蛋白质的结构与功能

02章

02章 数字内容

学习目标

1. 具有科学分析问题、理论联系实际的能力及关爱患者的职业素养。
2. 掌握蛋白质的元素组成及基本组成单位、一级结构、蛋白质的变性。
3. 熟悉蛋白质的空间结构、蛋白质的生理功能、蛋白质的凝固与沉淀。
4. 了解蛋白质结构与功能的关系、蛋白质两性电离与等电点、蛋白质的亲水胶体性质。
5. 学会应用蛋白质结构与功能的关系分析相关疾病的发病机制。

工作情景与任务

导入情景:

1. 当机体蛋白质摄入不足,严重缺乏时会导致儿童出现骨瘦如柴、腹水增多、毛发稀少、生长发育迟缓等症状。2012年1月,国务院办公厅正式印发《关于实施农村义务教育学生营养改善计划的意见》,在中小学校全面推进营养促进工程,在学生自愿的情况下,每天为学生提供一盒奶、一个鸡蛋或者一份营养早餐,随着经济水平的发展,我国儿童营养不良现象已得到明显改善。

2. 张某在化工厂工作时误服硫酸铜中毒,出现严重恶心、呕吐、腹痛、腹泻等症状,同事立刻取来牛奶让其服下并及时就医。

工作任务:

1. 分析蛋白质对人体正常生理功能的影响。
2. 分析用牛奶对重金属中毒患者解毒的机制。

蛋白质是一类由氨基酸组成的生物大分子。人体的蛋白质多达 10 万余种，约占人体干重的 45%。它们种类繁多、结构复杂，功能各异且极其重要。

第一节　蛋白质的分子组成

一、蛋白质的元素组成

组成蛋白质的元素主要有碳、氢、氧、氮，大多数蛋白质还含有硫，有的含有少量的磷、硒、铁、铜、锌、锰、碘等。

各种蛋白质的含氮量十分接近，平均约为 16%。故可用氮含量折算蛋白质含量，即 1g 氮相当于 6.25g 蛋白质。蛋白质是体内最主要的含氮物，因此可通过测定生物样品中的含氮量，推算出样品中蛋白质的大致含量。

a 克样品中所含蛋白质克数 = 每克样品中含氮克数 ×6.25×a

二、蛋白质的基本组成单位——氨基酸

通过酸、碱或蛋白酶作用可将蛋白质水解为各种氨基酸，氨基酸是蛋白质的基本组成单位。组成人体蛋白质的氨基酸有 20 种，其结构通式如下（图 2-1）。

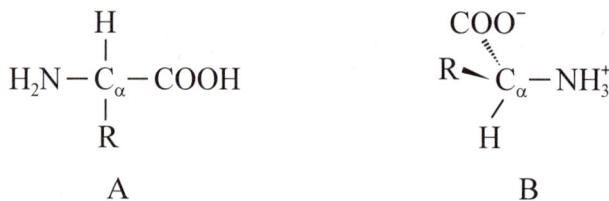

$$H_2N-\underset{\underset{R}{|}}{\overset{\overset{H}{|}}{C_\alpha}}-COOH \qquad\qquad R-\underset{\underset{H}{|}}{\overset{\overset{COO^-}{\vdots}}{C_\alpha}}-NH_3^+$$

A　　　　　　　　　　　　B

图 2-1　氨基酸的结构通式

结构式中，R 代表侧链基团，也是各种氨基酸分子结构不同的部分。如：甘氨酸的 R 基团为—H，丙氨酸的 R 基团为—CH₃。根据氨基酸侧链结构和理化性质的不同，可以将其分为非极性脂肪族氨基酸、极性中性氨基酸、芳香族氨基酸、酸性氨基酸和碱性氨基酸（表 2-1）。

表 2-1 氨基酸分类

名称	中文	缩写	结构式	等电点 (isoelectric point, pI)
非极性脂肪族氨基酸				
甘氨酸	甘	Gly	$H-\underset{\underset{NH_2}{\mid}}{CH}-COOH$	5.97
丙氨酸	丙	Ala	$CH_3-\underset{\underset{NH_2}{\mid}}{CH}-COOH$	6.00
缬氨酸	缬	Val	$CH_3-\underset{\underset{CH_3}{\mid}}{CH}-\underset{\underset{NH_2}{\mid}}{CH}-COOH$	5.96
亮氨酸	亮	Leu	$CH_3-\underset{\underset{CH_3}{\mid}}{CH}-CH_2-\underset{\underset{NH_2}{\mid}}{CH}-COOH$	5.98
异亮氨酸	异亮	Ile	$CH_3-CH_2-\underset{\underset{CH_3}{\mid}}{CH}-\underset{\underset{NH_2}{\mid}}{CH}-COOH$	6.02
脯氨酸	脯	Pro	(吡咯烷)—COOH	6.30
极性中性氨基酸				
丝氨酸	丝	Ser	$\underset{\underset{OH}{\mid}}{CH_2}-\underset{\underset{NH_2}{\mid}}{CH}-COOH$	5.68
苏氨酸	苏	Thr	$CH_3-\underset{\underset{OH}{\mid}}{CH}-\underset{\underset{NH_2}{\mid}}{CH}-COOH$	5.60
半胱氨酸	半胱	Cys	$\underset{\underset{SH}{\mid}}{CH_2}-\underset{\underset{NH_2}{\mid}}{CH}-COOH$	5.07
甲硫(蛋)氨酸	甲硫	Met	$CH_3-S-CH_2-CH_2-\underset{\underset{NH_2}{\mid}}{CH}-COOH$	5.74
天冬酰胺	天胺	Asn	$NH_2-\underset{\underset{O}{\parallel}}{C}-CH_2-\underset{\underset{NH_2}{\mid}}{CH}-COOH$	5.41
谷氨酰胺	谷胺	Gln	$NH_2-\underset{\underset{O}{\parallel}}{C}-CH_2-CH_2-\underset{\underset{NH_2}{\mid}}{CH}-COOH$	5.65

名称	中文	缩写	结构式	等电点 (isoelectric point, pI)
芳香族氨基酸				
苯丙氨酸	苯丙	Phe	苯环—CH_2—$\overset{\underset{\mid}{NH_2}}{CH}$—COOH	5.48
酪氨酸	酪	Tyr	HO—苯环—CH_2—$\overset{\underset{\mid}{NH_2}}{CH}$—COOH	5.66
色氨酸	色	Trp	吲哚环—CH_2—$\overset{\underset{\mid}{NH_2}}{CH}$—COOH	5.89
酸性氨基酸				
天冬氨酸	天冬	Asp	HOOC—CH_2—$\overset{\underset{\mid}{NH_2}}{CH}$—COOH	2.97
谷氨酸	谷	Glu	HOOC—CH_2—CH_2—$\overset{\underset{\mid}{NH_2}}{CH}$—COOH	3.22
碱性氨基酸				
组氨酸	组	His	咪唑环—CH_2—$\overset{\underset{\mid}{NH_2}}{CH}$—COOH	7.59
赖氨酸	赖	Lys	$\overset{\underset{\mid}{NH_2}}{CH_2}$—$(CH_2)_3$—$\overset{\underset{\mid}{NH_2}}{CH}$—COOH	9.74
精氨酸	精	Arg	NH_2—$\overset{\underset{\mid}{NH}}{C}$—NH—$(CH_2)_3$—$\overset{\underset{\mid}{NH_2}}{CH}$—COOH	10.76

第二节 蛋白质的分子结构与功能

一、蛋白质的分子结构

虽然组成人体蛋白质的氨基酸只有 20 种，但它们组成蛋白质时的种类、数量和排列顺序千变万化，因此蛋白质的结构非常复杂。研究表明，蛋白质的分子结构可分为一级结构、二级结构、三级结构和四级结构四个层次。其中一级结构又称为基本结构,二级、三级、四级结构统称为空间结构。

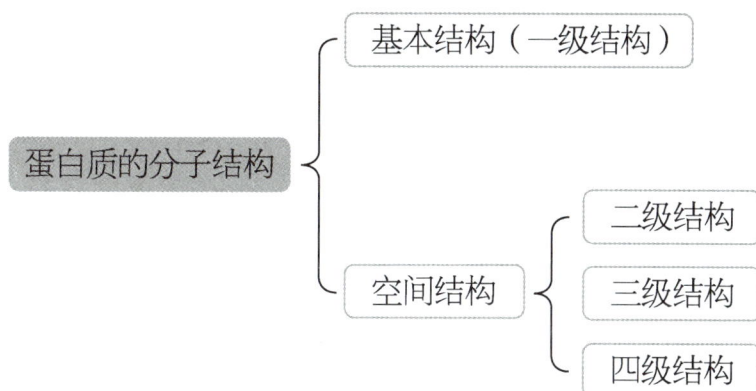

$$
蛋白质的分子结构 \begin{cases} 基本结构（一级结构） \\ \\ 空间结构 \begin{cases} 二级结构 \\ 三级结构 \\ 四级结构 \end{cases} \end{cases}
$$

（一）蛋白质的一级结构

蛋白质的一级结构是指多肽链上氨基酸的排列顺序。此顺序是由基因信息决定的,一级结构是空间结构的基础。

1. 蛋白质分子中氨基酸的连接方式　蛋白质分子中氨基酸之间是通过肽键连接在一起的。肽键是由一个氨基酸的 α- 羧基和另一个氨基酸的 α- 氨基脱水缩合而成的酰胺键(图 2-2)。肽键是维持蛋白质分子一级结构稳定最主要的化学键,又称主键。

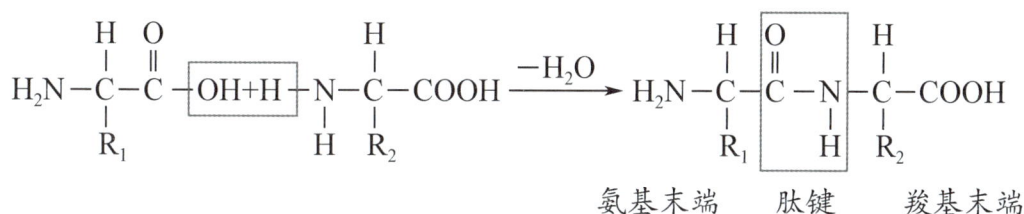

图 2-2　肽键的形成

2. 肽　氨基酸通过肽键连接而成的化合物称为肽。由两个氨基酸缩合而成的肽称为二肽,由三个氨基酸缩合而成的肽称为三肽,依此类推。一般来说由 10 个以内氨基酸相连而成的肽称为寡肽,由 10 个以上氨基酸连接而成的肽称为多肽,又称为多肽链。肽链中的长链骨架称为主链,R 基团称为侧链。多肽链具有方向性,一端是游离的氨基,称为氨基末端(又称N- 端),通常写在左侧;另一端是游离的羧基,称为羧基末端(又称 C- 端),通常写在右侧。肽链分子中的氨基酸因脱水缩合而基团不全,已非原来完整的氨基酸,故称氨基酸残基。

世界上第一个被确定一级结构的蛋白质分子是牛胰岛素(图 2-3)。它由 A 和 B 两条多肽链组成,A 链含 21 个氨基酸残基,B 链含 30 个氨基酸残基。A 链内形成 1 个链内二硫键,A、B 两链间形成 2 个链间二硫键。

一级结构的阐明对研究蛋白质的空间结构、功能以及指导治疗某些疾病具有重大意义。1965 年,我国首先人工合成了具有生物活性的结晶牛胰岛素,开辟了人工合成蛋白质的时代,这在生物化学的发展史上具有深远影响。

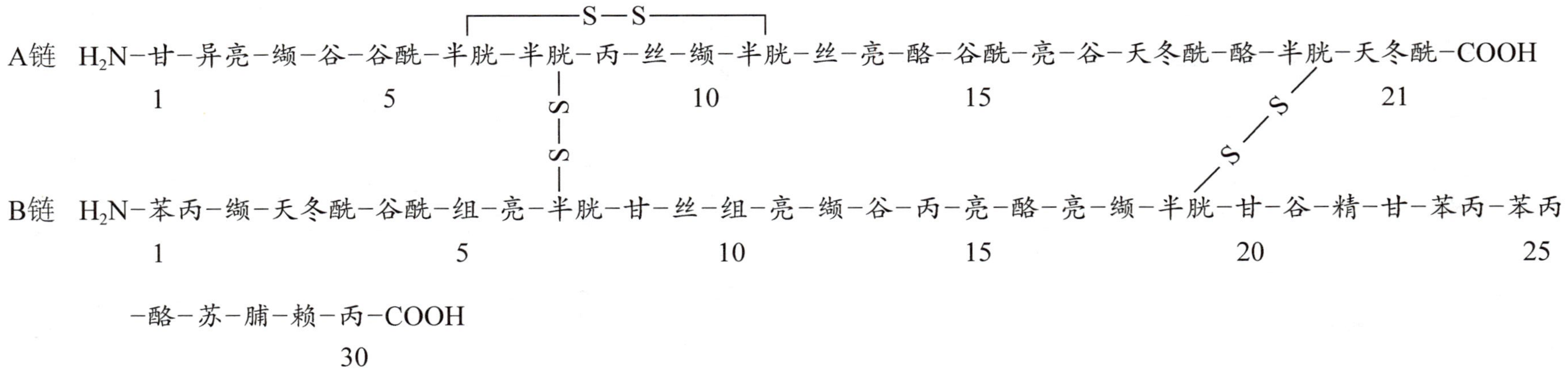
S—S
A链 H2N-甘-异亮-缬-谷-谷酰-半胱-半胱-丙-丝-缬-半胱-丝-亮-酪-谷酰-亮-谷-天冬酰-酪-半胱-天冬酰-COOH
1 5 10 15 21
S—S
S—S
B链 H2N-苯丙-缬-天冬酰-谷酰-组-亮-半胱-甘-丝-组-亮-缬-谷-丙-亮-酪-亮-缬-半胱-甘-谷-精-甘-苯丙-苯丙
1 5 10 15 20 25
-酪-苏-脯-赖-丙-COOH
30

图 2-3　牛胰岛素的一级结构

生物活性肽

人体内存在许多具有生物活性的小分子肽,称为生物活性肽。①谷胱甘肽(glutathione,GSH)是由谷氨酸、半胱氨酸和甘氨酸组成的三肽。GSH是重要的还原剂,保护体内含巯基的蛋白质和酶不被氧化,使蛋白质和酶处在活跃状态;可使细胞内产生的 H_2O_2 还原成 H_2O;还能与外源的致癌剂和药物结合,阻断其与 DNA、RNA 或蛋白质结合,保护机体免受侵害。②体内某些激素属于肽,如促肾上腺皮质激素(39肽)、催产素(9肽)、加压素(9肽)。

(二)蛋白质的空间结构

蛋白质分子的空间结构是在一级结构确立的基础上,多肽链进一步盘曲、折叠形成的三维空间结构,又称空间构象。每种蛋白质都有特定的空间结构,这对其发挥生物学功能极为重要。维持蛋白质分子空间结构的化学键主要有氢键、盐键(离子键)、疏水键(疏水作用)、范德华力等,这些化学键统称为次级键。

1. 蛋白质的二级结构　是指多肽链中主链原子的空间排布。主要有 α- 螺旋、β- 折叠、β- 转角和无规则卷曲四种形式。

(1)α- 螺旋:多肽链的主链围绕中心轴做有规律的螺旋状盘曲(图 2-4)。螺旋走向为顺时针方向,称为右手螺旋。相邻螺旋之间相互依靠形成氢键,使螺旋结构保持稳定。螺旋每上升一圈需 3.6 个氨基酸残基,螺距为 0.54nm,侧链 R 基团分布在螺旋外侧。

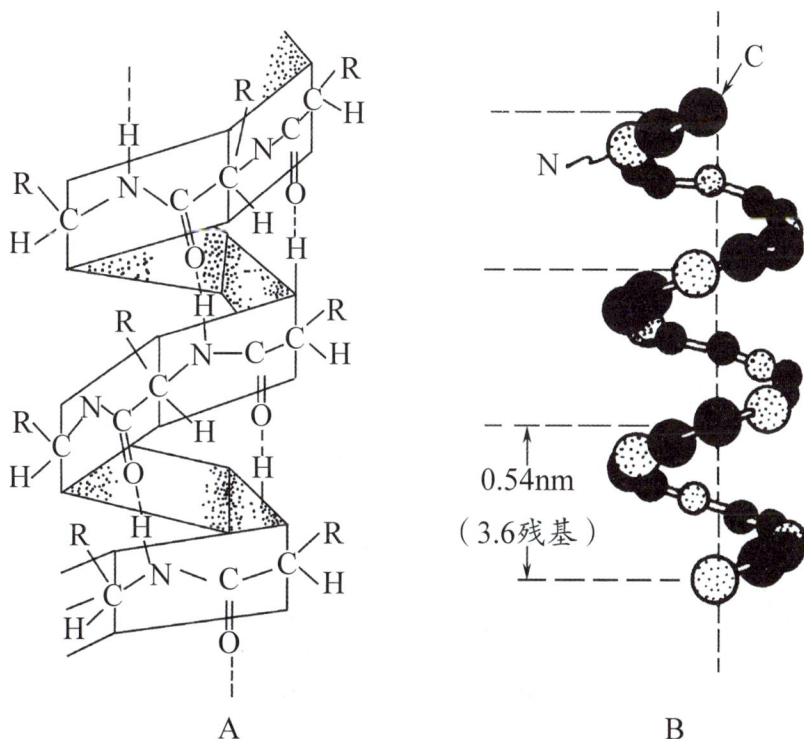

图 2-4　α- 螺旋示意图

（2）β-折叠：是多肽链主链呈现的一种伸展的、锯齿状的结构（图2-5）。依靠氢键维持构象的稳定。两段以上的β-折叠结构可顺向或逆向平行排布，侧链R基团交错伸向片层的上下方。

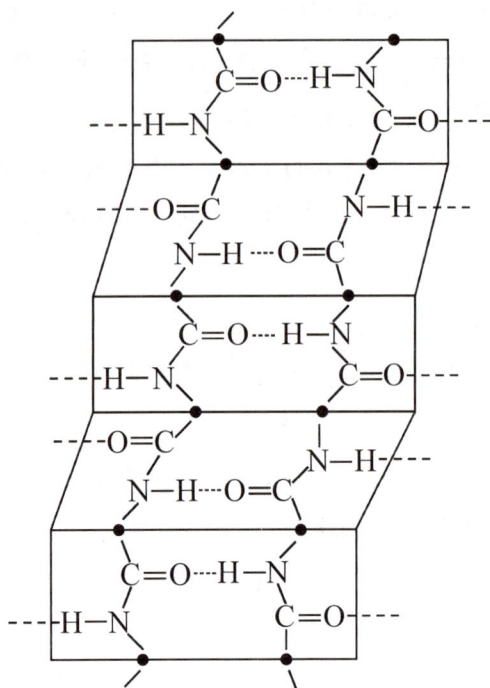

图2-5 β-折叠示意图

（3）β-转角和无规则卷曲：多肽链的主链出现180°回折的结构称为β-转角（图2-6）。排列无明确规律性的部分主链区段称为无规则卷曲。主要依靠氢键维持构象的稳定。

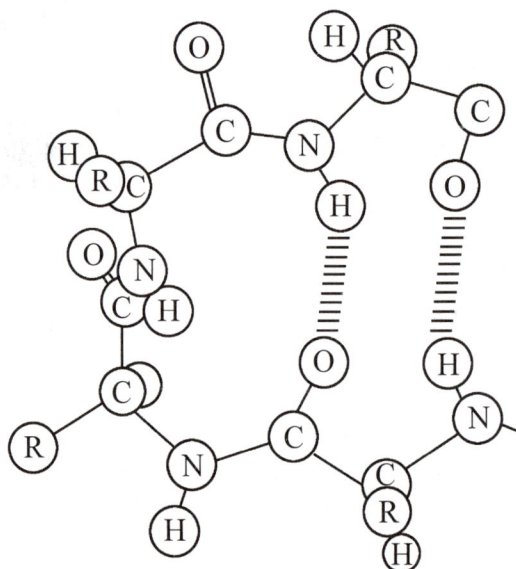

图2-6 β-转角示意图

二级结构通常是以上不同形式的组合，四种形式在不同的蛋白质分子中所占的种类和比例不同，以 α- 螺旋和 β- 折叠为主，部分主链肽段排列无明确规律性。

2. 蛋白质的三级结构　是在二级结构形成的基础上，通过侧链 R 基团的进一步盘曲折叠形成的立体构象（图 2-7）。它是多肽链中所有原子的相对空间位置。维持三级结构最主要的化学键是疏水键。如果蛋白质分子只有一条多肽链，其三级结构就是最高级结构。

3. 蛋白质的四级结构　体内许多蛋白质分子含有两条或两条以上的多肽链，每一条多肽链都有其完整的三级结构，称为亚基。蛋白质分子中各亚基之间的空间排布称为蛋白质的四级结构（图 2-8）。维持四级结构稳定的化学键主要有氢键和盐键。

图 2-7　蛋白质三级结构示意图　　　图 2-8　蛋白质四级结构示意图

具有四级结构的蛋白质，亚基可以相同也可不同，单独的亚基一般没有生物学功能。例如，人体血红蛋白是由 4 个亚基组成的四聚体，2 个 α 亚基和 2 个 β 亚基，有运输 O_2 和 CO_2 的功能，亚基单独存在时，虽然能结合氧，但无法释放给组织细胞，从而丧失了运输能力。

二、蛋白质的功能

（一）维持组织的生长、更新和修复

蛋白质是构成生命的重要物质基础，人体组织细胞无一不含蛋白质。婴幼儿、儿童、青少年、孕妇等需补充足量蛋白质合成新组织、维持生长发育。机体蛋白质处于不断分解和合成的动态变化中，成人组织的更新及组织创伤的修复，都需要蛋白质作为原料。

（二）参与机体重要的生命活动

蛋白质参与构成多种重要生物活性物质，从而有条不紊地调节机体生命活动。如酶类催化反应、血红蛋白运输氧气、肌球蛋白调节肌肉收缩、脂蛋白作为载体运输营养物质、免疫球蛋白维持免疫功能、清蛋白调节渗透压维持体液平衡、激素类调节机体生命活动等。

（三）氧化供能

蛋白质为人体提供每天所需能量的 10%～15%。供能不是蛋白质的主要功能，当糖类和脂类摄入不足时，蛋白质分解代谢增强。

生化学而思

李某，因发生意外导致大面积烧伤，创面组织细胞受损严重，造成体液流失，且可能伴随感染、多器官功能障碍等并发症，热量消耗较大，遵医嘱，饮食需补充足量蛋白质。

请思考：

1. 患者体内蛋白质的含量有什么样的变化？
2. 烧伤后，患者膳食中蛋白质的摄入量应如何指导？

三、蛋白质结构与功能的关系

蛋白质的结构与功能密切相关，结构是功能的基础，结构发生改变，其生物学功能也会相应改变。研究蛋白质结构与功能的关系可以帮助我们更好地预防和治疗相关疾病。

（一）蛋白质一级结构与功能的关系

蛋白质一级结构是空间结构和功能的基础。如果参与构成一级结构的氨基酸残基发生改变，空间结构也可能跟着改变，蛋白质的功能就会改变。例如，镰状细胞贫血是由于基因突变导致血红蛋白一级结构发生了改变（图 2-9），正常人血红蛋白（HbA）β 链第 6 位氨基酸为谷氨酸，镰状细胞贫血患者血红蛋白（HbS）为缬氨酸，导致红细胞在缺氧时变成镰刀状，易破碎而发生溶血。

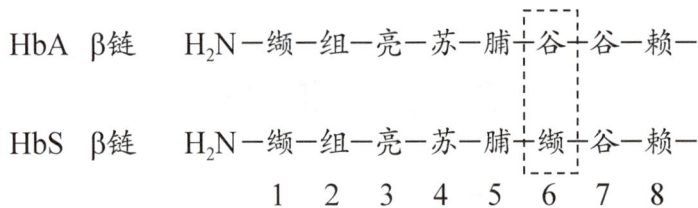

$$HbA \quad β链 \quad H_2N-缬-组-亮-苏-脯-谷-谷-赖-$$

$$HbS \quad β链 \quad H_2N-缬-组-亮-苏-脯-缬-谷-赖-$$

$$1 \quad 2 \quad 3 \quad 4 \quad 5 \quad 6 \quad 7 \quad 8$$

图 2-9　血红蛋白一级结构病变示意图

（二）蛋白质空间结构与功能的关系

蛋白质空间结构与功能密切相关，蛋白质空间结构发生改变，其功能就会改变。例如，人体血红蛋白中的一个亚基与 O_2 结合后，导致血红蛋白空间结构松弛，使得各亚基更易结合氧，完成运输氧气的功能。人毛发中的角蛋白，因其结构中存在大量的 α- 螺旋而坚韧有弹性；蚕丝蛋白因富含 β- 折叠而柔软、伸展。

蛋白质空间结构发生改变，会导致疾病的发生。例如朊病毒引发的疯牛病，正常时朊病毒的二级结构为多个 α- 螺旋，当某种原因致使 α- 螺旋转变为 β- 折叠时，尽管一级结构没变，但蛋白质分子功能改变，成为可致病的朊病毒，形成淀粉样纤维沉淀。其典型临床症状为脑功能减退，神经错乱，平衡障碍，最终导致死亡。

📖 知识拓展

蛋白质的分类

自然界蛋白质的种类繁多，功能复杂，可按蛋白质分子的组成、形状和功能等差异对其进行分类。

根据蛋白质分子的组成特点，可将蛋白质分为单纯蛋白质和结合蛋白质。单纯蛋白质仅由氨基酸构成，如清蛋白、球蛋白等；结合蛋白质由单纯蛋白质和非蛋白部分构成，如糖蛋白、脂蛋白等。

根据蛋白质的分子形状不同，可将其分为纤维状蛋白质和球状蛋白质两大类。

根据蛋白质的功能不同，可将其分为结构蛋白质、活性蛋白质和信号蛋白质三大类。结构蛋白质有角蛋白、胶原蛋白等；活性蛋白质有运输蛋白、运动蛋白等；信号蛋白质有 GTP 结合蛋白、受体等。

第三节　蛋白质的重要理化性质

一、蛋白质两性电离与等电点

蛋白质的分子上有各种酸性基团（如羧基、羟基、巯基）和碱性基团（如氨基、胍基、咪唑基）。在溶液中，碱性基团接受氢解离成阳离子，发生碱式电离，酸性基团释放氢解离成阴离子，发生酸式电离，故蛋白质具有两性电离性质，称为两性电解质（图 2-10）。

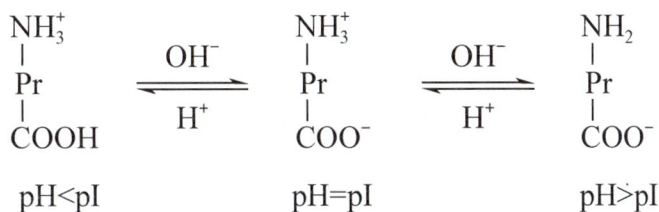

$$\begin{array}{ccccc} NH_3^+ & & NH_3^+ & & NH_2 \\ | & OH^- & | & OH^- & | \\ Pr & \underset{H^+}{\rightleftharpoons} & Pr & \underset{H^+}{\rightleftharpoons} & Pr \\ | & & | & & | \\ COOH & & COO^- & & COO^- \\ pH<pI & & pH=pI & & pH>pI \end{array}$$

图 2-10　蛋白质的两性电离

蛋白质分子解离成正负离子的程度受溶液 pH 的影响。当蛋白质分子处于某一 pH 溶液时，其解离成正负离子的趋势相等，即净电荷为零，此时溶液的 pH 称为该蛋白质的等电点（pI）。人体血浆中大多数蛋白质的 pI 在 5.0 左右，而血浆的 pH 为 7.35～7.45，所以血浆蛋白质主要以阴离子形式存在。

当蛋白质处于电场中时，由于其分子带有电荷，在电场力的作用下，带电颗粒向电性相反的电极移动的现象称为电泳。电泳是分析蛋白质的一项重要技术，不同的蛋白质在电场中有不同的电泳速度，以此达到分离的目的，如血清蛋白电泳、尿蛋白电泳及同工酶的鉴定，是临床检查诊断疾病的重要手段。

二、蛋白质的亲水胶体性质

蛋白质是生物大分子（分子量 10 000～1 000 000），其分子颗粒大小已达到胶体颗粒范围（1～100nm），所以蛋白质溶液具有胶体性质。蛋白质形成的亲水胶体溶液非常稳定，原因如下（图 2-11）。

1. 蛋白质表面具有水化膜　蛋白质分子表面有很多亲水性基团（如氨基、羧基、羟基、巯基等），它们能与周围水分子产生水合作用，使蛋白质分子表面形成一层水化膜，将蛋白质颗粒彼此隔开，不易聚集。

2. 蛋白质表面具有同种电荷　当蛋白质分子处于非等电点的溶液中时，其表面都带有同种电荷，同种电荷相互排斥，从而使蛋白质颗粒进一步隔开，不易沉淀。

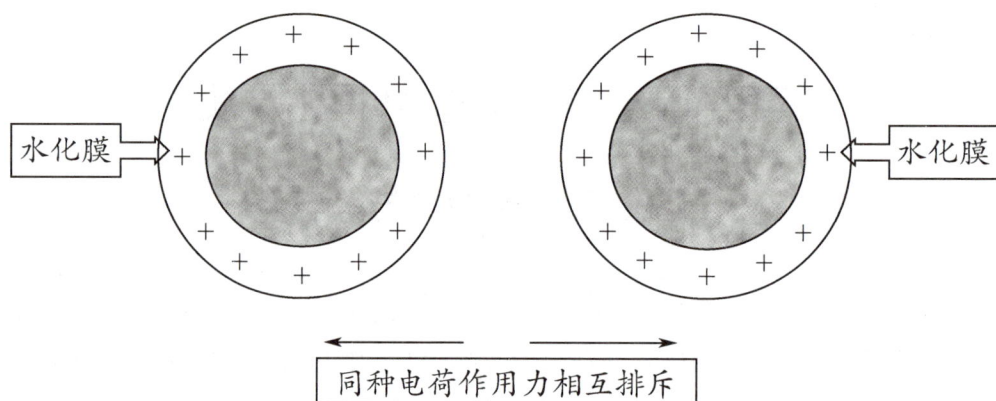

图 2-11　维持蛋白质胶体溶液稳定的因素

临床应用

蛋白质分子不能透过半透膜

由于蛋白质分子较大，所以不能透过半透膜，工作中可用此法来分离纯化蛋白质。例如，当蛋白质溶液中混入其他小分子化合物时，可将此混合溶液装入半透膜制成的袋子里，然后将透析袋置于蒸馏水或适宜的缓冲液中，小分子化合物就会从透析袋游离到水或缓冲液中，而蛋白质因为不能透过半透膜被保留在透析袋里，反复操作此过程，就会得到更加纯净的蛋白质溶液。

利用蛋白质分子不能透过半透膜的性质，来达到分离、纯化蛋白质的目的，这种方法称为透析。临床上对尿毒症患者进行血液透析，就是利用了这个特点。

三、蛋白质的变性、凝固与沉淀

（一）蛋白质的变性

在某些物理或化学因素作用下，蛋白质分子的空间构象受到破坏，从而导致其理化性质改变和生物学活性丧失的现象称为蛋白质的变性。

引起蛋白质变性的物理因素有高温、高压、紫外线、X射线、超声波、强烈震荡等；化学因素有强酸、强碱、重金属盐、尿素、有机溶剂等。蛋白质变性原理在临床应用十分广泛，如用乙醇、高温或紫外线照射进行消毒灭菌；采用热凝法检查尿蛋白；采用低温的储存方法保护疫苗、酶、血清的生物活性。

变性后的蛋白质分子溶解度降低，更易凝聚形成沉淀，结构松散，更易被蛋白酶水解，所以熟食更容易被人体消化吸收。大多数蛋白质的变性是不可逆的，若蛋白质变性程度较轻，除去变性因素后，可恢复至原来的空间构象和功能，称为蛋白质的复性。

（二）蛋白质的凝固

变性后的蛋白质经高温进一步加热，可凝固成块，称为蛋白质的凝固。凝固是蛋白质变性后进一步发展的不可逆结果，但并非变性的蛋白质都会发生凝固。

（三）蛋白质的沉淀

蛋白质颗粒在溶液中凝聚析出的现象称为蛋白质的沉淀。破坏蛋白质胶体溶液的两个稳定因素——颗粒表面的水化膜和同种电荷，即可使蛋白质沉淀。

1. 盐析法　往蛋白质溶液中加入中性盐（如氯化钠、硫酸钠等）破坏了蛋白质表面的水化膜，并中和电荷使其析出。沉淀出的蛋白质往往不引起变性，因此盐析法是分离制备蛋白质或蛋白类生物制剂的常用方法。

2. 有机溶剂沉淀法　加入有机溶剂如乙醇、甲醇、丙酮等，破坏蛋白质表面水化膜，降低电离程度使其析出，但此法易引起蛋白质变性。

3. 某些酸类沉淀法　调低溶液的pH（小于该蛋白质的等电点），使蛋白质以阳离子形式存在，加入苦味酸、磷钨酸、鞣酸等使其与蛋白质阳离子结合成不溶性盐而沉淀。

4. 重金属盐沉淀法　当溶液的pH大于蛋白质等电点时，溶液中的蛋白质以阴离子形式存在，此时可与带正电荷的重金属离子（如Cu^{2+}、Hg^{2+}、Pb^{2+}、Ag^+等）结合成不溶性蛋白质盐而沉淀。所以生活中，如遇急性重金属盐中毒患者，可立即使其口服大量的牛奶、鸡蛋清并及时就医，其目的是使重金属盐尽快沉淀，避免对人体造成更大伤害（表2-2）。

表 2-2　蛋白质变性、凝固、沉淀的对比

现象	原理	区别	应用
变性	空间结构破坏	变性不一定凝固	乙醇消毒、酶类低温储存
凝固	空间结构破坏	凝固肯定变性	食物煮熟
沉淀	水化膜、同种电荷破坏	沉淀不一定变性	盐析法分离制备蛋白质

章末小结

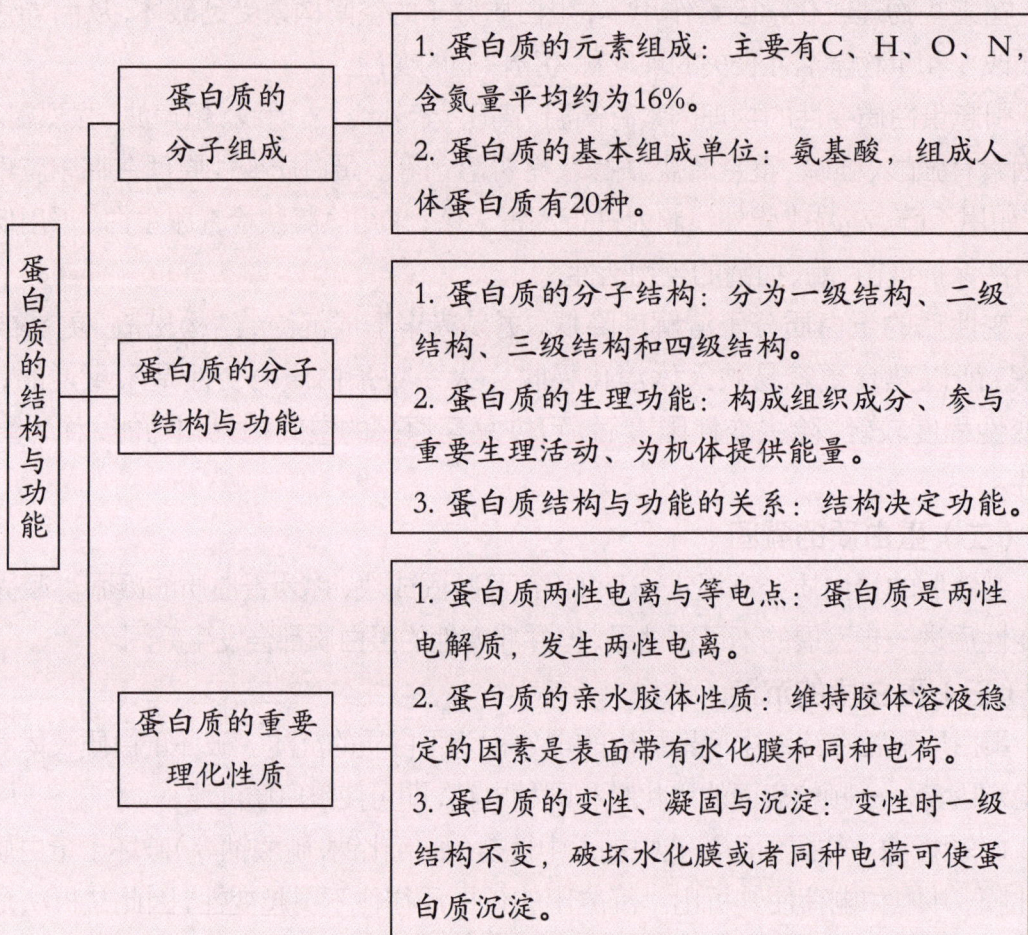

蛋白质的结构与功能

蛋白质的分子组成

1. 蛋白质的元素组成：主要有C、H、O、N，含氮量平均约为16%。
2. 蛋白质的基本组成单位：氨基酸，组成人体蛋白质有20种。

蛋白质的分子结构与功能

1. 蛋白质的分子结构：分为一级结构、二级结构、三级结构和四级结构。
2. 蛋白质的生理功能：构成组织成分、参与重要生理活动、为机体提供能量。
3. 蛋白质结构与功能的关系：结构决定功能。

蛋白质的重要理化性质

1. 蛋白质两性电离与等电点：蛋白质是两性电解质，发生两性电离。
2. 蛋白质的亲水胶体性质：维持胶体溶液稳定的因素是表面带有水化膜和同种电荷。
3. 蛋白质的变性、凝固与沉淀：变性时一级结构不变，破坏水化膜或者同种电荷可使蛋白质沉淀。

（于美春）

❓ 思考与练习

1. 简述蛋白质的元素组成及特点。
2. 蛋白质的结构包括哪几个层次？叙述各级结构的特点及维持结构稳定的化学键。
3. 简述蛋白质的生理功能。
4. 简述蛋白质变性的机制及实践应用。

第三章 核酸的结构与功能

03章

03章 数字内容

学习目标

1. 具有尊重伦理道德规范,理解并尊重患者,实事求是的科学精神和职业素质。
2. 掌握核苷酸的结构、核酸的结构和功能。
3. 熟悉核酸的元素组成、核酸分子中核苷酸的连接方式。
4. 了解体内某些重要的核苷酸。
5. 学会运用所学知识解释核酸检测。

工作情景与任务

导入情景:

胰岛素是治疗糖尿病的特效药。长期以来,只能依靠从猪、牛等动物的胰腺中提取,100kg胰腺只能提取4~5g的胰岛素,产量低、价格高,堪比黄金。为此,经科学家们不断努力,最终,利用重组DNA技术,将胰岛素基因导入大肠埃希菌,靠细菌来"量产"胰岛素。实现基因工程制药后,每2 000L培养液就能分离纯化得到100g胰岛素蛋白。大规模工业化生产,解决了药品的产量问题,药品价格也降低了30%~50%。

科技进步为人类带来了无数便捷、实惠的医疗服务和产品,我们要心怀感恩,感恩无数科技工作者们的努力付出;我们要崇尚科学,憧憬日新月异的科学技术带来的美好明天!

工作任务:

1. 查阅并与同学讨论DNA的有关知识。

2. 查阅资料,说一说与DNA相关的科学技术在各领域中的应用。

核酸是一类含有磷酸基团的重要生物大分子,是生命体遗传的物质基础。

核酸分为脱氧核糖核酸(DNA)和核糖核酸(RNA)两类。DNA主要存在于细胞核中，是遗传信息的载体；RNA主要分布于细胞质中，参与遗传信息的传递和表达。

第一节　核酸的分子组成

一、核酸的元素组成

核酸主要由碳（C）、氢（H）、氧（O）、氮（N）、磷（P）等元素组成，其中，P元素含量较恒定，占9%～10%，故可通过测定P的含量来计算生物样品中核酸的大概含量。

二、核酸的基本组成单位——核苷酸

核苷酸是核酸的基本组成单位，可分解为核苷和磷酸，核苷可进一步分解为戊糖和碱基。

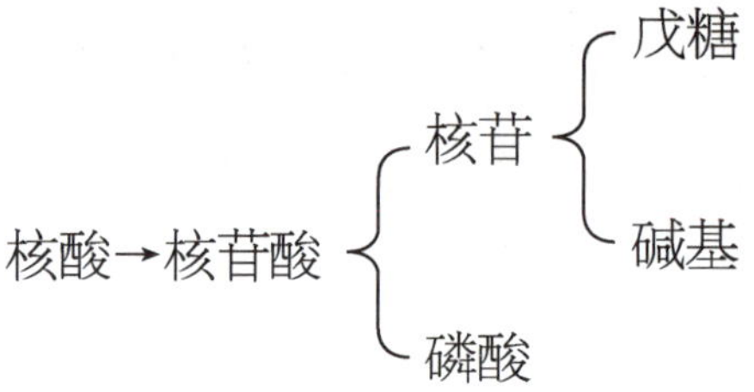

$$核酸 \rightarrow 核苷酸 \begin{cases} 核苷 \begin{cases} 戊糖 \\ \\ 碱基 \end{cases} \\ \\ 磷酸 \end{cases}$$

（一）核苷酸的组成成分

1. 戊糖　是含有5个碳原子的糖，戊糖的碳原子顺序以1′到5′表示。戊糖包括核糖和脱氧核糖。核糖存在于RNA中，脱氧核糖存在于DNA中。两者的差别在于C-2′原子所连接的基团不同（图3-1）。

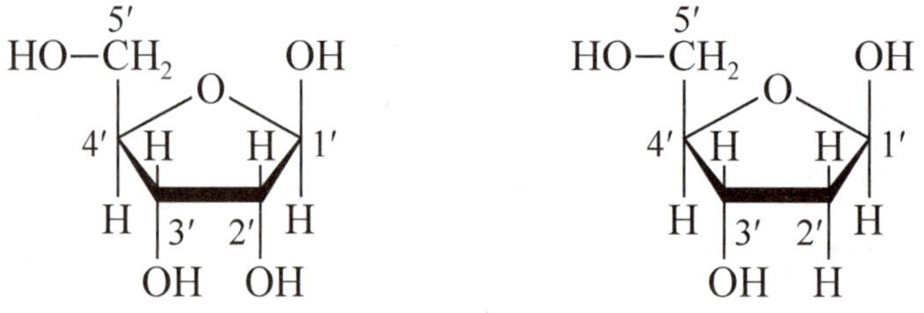

图3-1　戊糖结构式

2. 碱基　也称含氮碱基，分为嘌呤碱和嘧啶碱两类。嘌呤碱包括腺嘌呤（A）和鸟嘌呤（G）；嘧啶碱包括胞嘧啶（C）、尿嘧啶（U）和胸腺嘧啶（T），各种碱基分子结构见图3-2。DNA分子中主要含A、G、C、T四种碱基，RNA分子中主要含A、G、C、U四种碱基。

3. 磷酸　核酸分子中的磷酸是无机磷酸（H_3PO_4）。

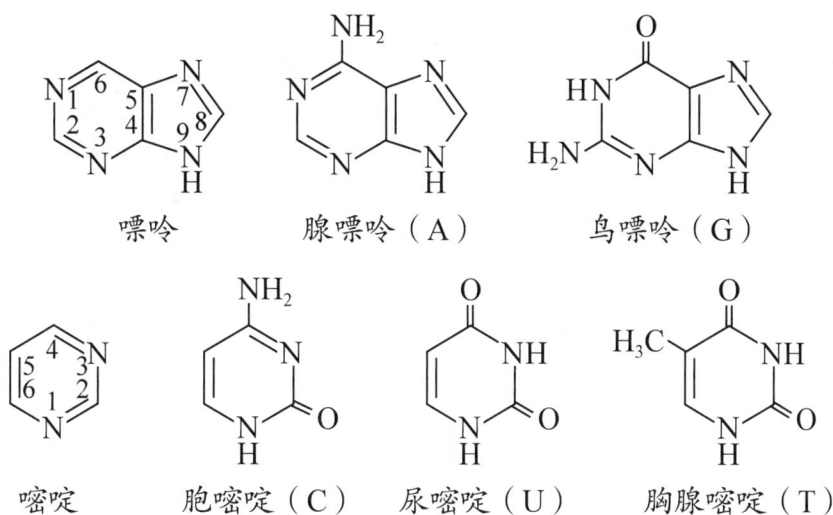
图 3-2　嘌呤碱和嘧啶碱结构式

两类核酸的基本组成成分见表 3-1。

表 3-1　两类核酸的基本组成成分比较

基本成分	RNA	DNA
戊糖	核糖	脱氧核糖
碱基	A、G、C、U	A、G、C、T
磷酸	磷酸	磷酸

（二）核苷与核苷酸

1. 核苷　核苷是碱基和戊糖以糖苷键相连而形成的化合物。糖苷键由戊糖分子第一位碳原子（C-1′）上的羟基与嘌呤 N-9 或嘧啶 N-1 上的氢脱水缩合形成（图 3-3）。核苷的命名是在其前面加上相应碱基的名字，如 RNA 分子中的核苷包括腺嘌呤核苷（简称腺苷）、鸟嘌呤核苷（简称鸟苷）、胞嘧啶核苷（简称胞苷）、尿嘧啶核苷（简称尿苷）；DNA 分子中的脱氧核苷包括脱氧腺嘌呤核苷（简称脱氧腺苷）、脱氧鸟嘌呤核苷（简称脱氧鸟苷）、脱氧胞嘧啶核苷（简称脱氧胞苷）、脱氧胸嘧啶核苷（简称脱氧胸苷）（表 3-2）。

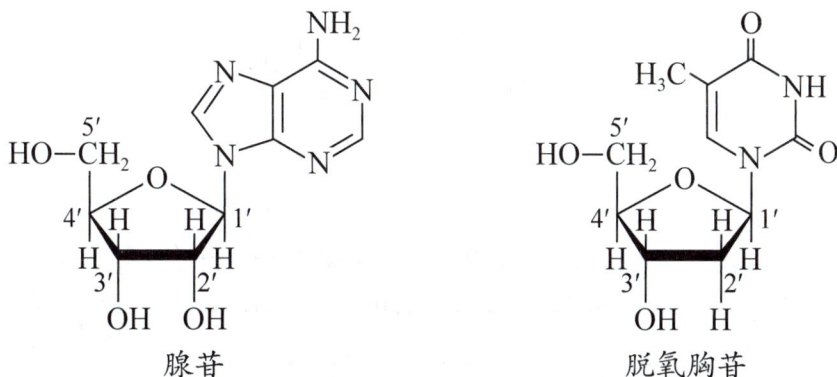
图 3-3　核苷和脱氧核苷结构式

表 3-2　组成核酸的主要核苷

RNA	DNA
腺苷	脱氧腺苷
鸟苷	脱氧鸟苷
胞苷	脱氧胞苷
尿苷	脱氧胸苷

2. 核苷酸　核苷或脱氧核苷中戊糖 C-5′ 上的羟基与磷酸通过磷酸酯键连接而形成的化合物称为核糖核苷酸或脱氧核糖核苷酸（图 3-4）。根据所连接磷酸基团数目不同，核糖核苷酸分为核苷一磷酸（NMP）、核苷二磷酸（NDP）、核苷三磷酸（NTP）（N 代表碱基：A、G、C、U），如图 3-5 所示；脱氧核糖核苷酸分为脱氧核苷一磷酸（dNMP）、脱氧核苷二磷酸（dNDP）、脱氧核苷三磷酸（dNTP）（N 代表碱基：A、G、C、T）。

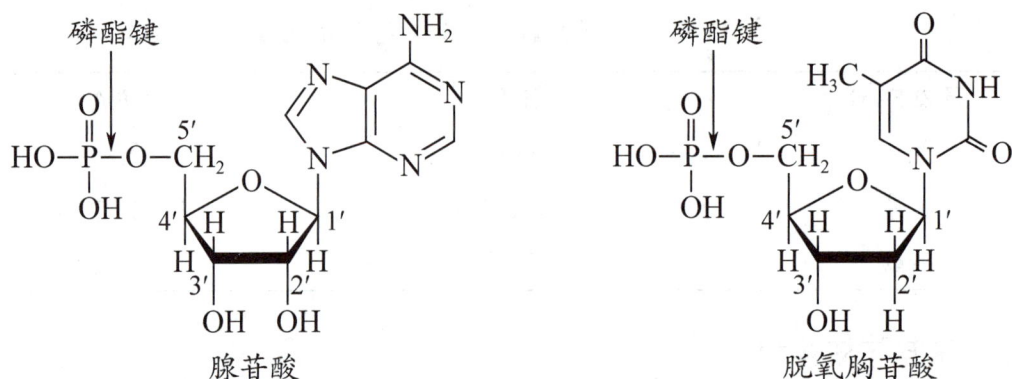

图 3-4　核苷酸结构式

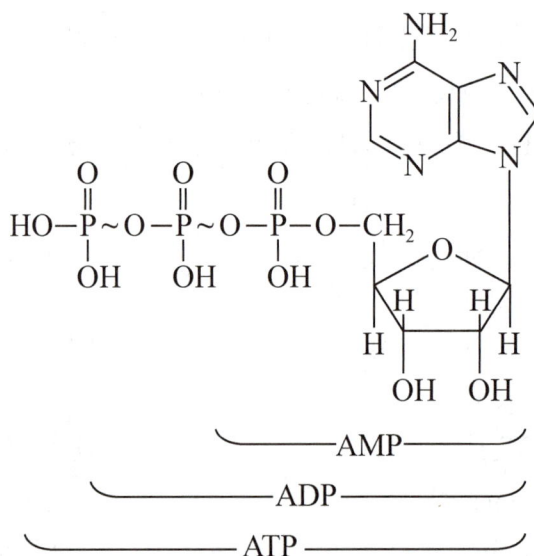

图 3-5　ATP 结构式

其中，构成 RNA 的核苷酸有 AMP、GMP、CMP、UMP；构成 DNA 的核苷酸有 dAMP、dGMP、dCMP、dTMP（表3-3）。

表3-3　组成核酸的主要核苷酸

RNA	DNA
腺苷酸（腺苷一磷酸，AMP）	脱氧腺苷酸（脱氧腺苷一磷酸，dAMP）
鸟苷酸（鸟苷一磷酸，GMP）	脱氧鸟苷酸（脱氧鸟苷一磷酸，dGMP）
胞苷酸（胞苷一磷酸，CMP）	脱氧胞苷酸（脱氧胞苷一磷酸，dCMP）
尿苷酸（尿苷一磷酸，UMP）	脱氧胸苷酸（脱氧胸苷一磷酸，dTMP）

生化学而思

通过学习，请比较两类核酸以下几方面的异同点。完成下表：

分类	基本成分			组成单位	功能	分布
	磷酸	戊糖	碱基			
脱氧核糖核酸（DNA）						
核糖核酸（RNA）						

三、某些重要的核苷酸

除了构成核酸外，还有一些重要的核苷酸及其衍生物在体内发挥重要功能（表3-4）。

表3-4　几种常见重要核苷酸

核苷酸	功能
ATP	体内能量的来源和利用形式
cAMP、cGMP	为细胞信号转导过程中的第二信使，在信息传递中起调控作用
NAD^+、$NADP^+$、FAD	为体内多种酶的辅因子

（一）多磷酸核苷酸

如 ATP 是体内能量最主要的来源和利用形式（图 3-5）；GTP 参与蛋白质的合成；UTP 参与糖原的合成；CTP 参与磷脂的合成。

（二）环化核苷酸

常见的有环腺苷酸（cAMP）与环鸟苷酸（cGMP）。它们是细胞信号转导过程中的第二信使，在信息传递过程中具有重要的调控作用（图 3-6）。

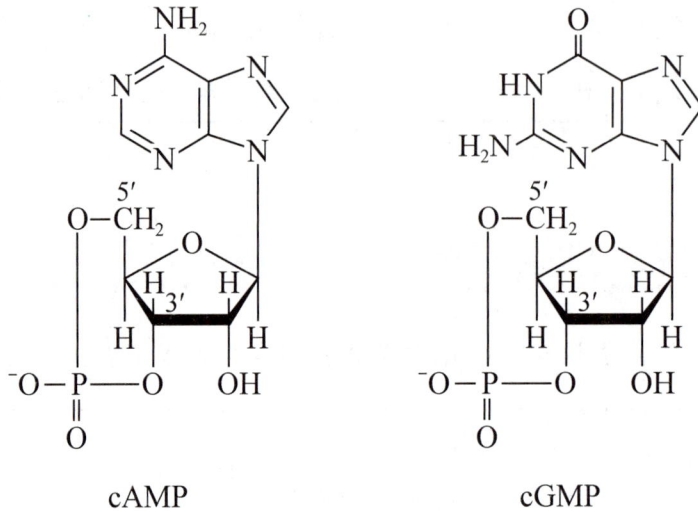

图 3-6　环腺苷酸与环鸟苷酸结构式

（三）辅酶类核苷酸

核苷酸还能作为酶的辅因子，参与某些生理活性物质的组成，如烟酰胺腺嘌呤二核苷酸（NAD^+）、烟酰胺腺嘌呤二核苷酸磷酸（$NADP^+$）和黄素腺嘌呤二核苷酸（FAD）等。

四、核酸分子中核苷酸的连接方式

核酸分子由多个核苷酸组成，相邻两个核苷酸之间的连接方式是 3′,5′-磷酸二酯键，即由一个核苷酸的 C-3′ 羟基与另一个核苷酸的 C-5′ 磷酸脱水缩合形成。每条核苷酸链的两个末端是不同的，带有游离磷酸基的末端叫 5′-端，带有游离羟基的末端叫 3′-端。核酸分子有方向性，按照通行规则，以 5′→3′ 方向为正方向，书写时将 5′-端写在左侧，3′-端写在右侧。

RNA 分子的基本结构是由许多核苷酸相连而成的多聚核苷酸链，DNA 分子的基本结构是由许多脱氧核苷酸相连而成的多聚脱氧核苷酸链（图 3-7）。

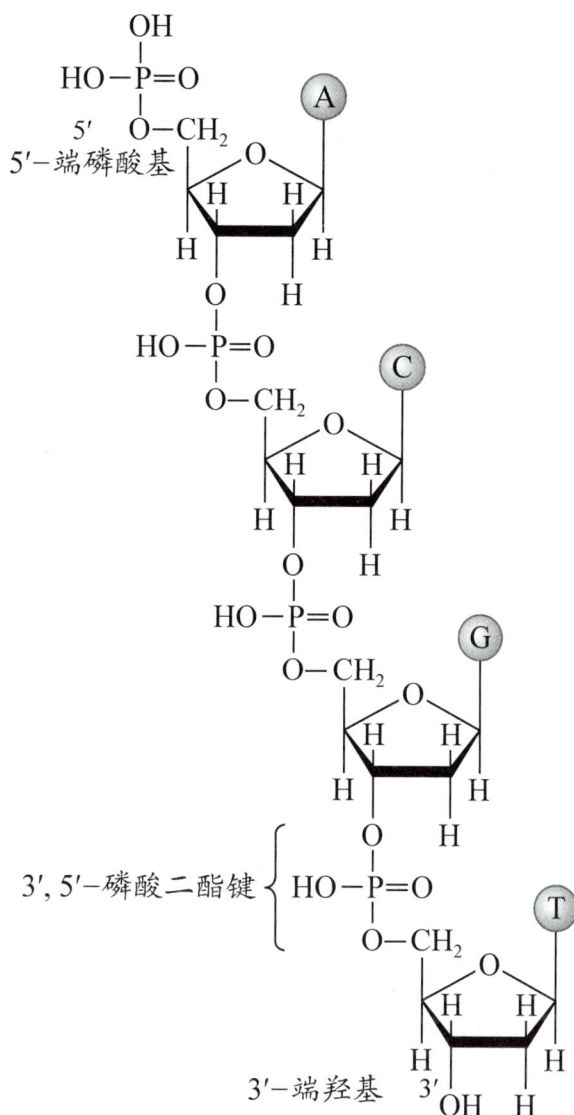

图 3-7 DNA 中脱氧核苷酸的连接方式

第二节   核酸的分子结构与功能

一、DNA 的结构与功能

（一）DNA 的一级结构

　　DNA 的一级结构是指 DNA 分子中脱氧核苷酸从 5'→3' 的排列顺序。由于 DNA 中每个脱氧核苷酸的磷酸和戊糖是相同的，仅碱基存在差异，故 DNA 的一级结构也描述为 5'→3' 碱基的排列顺序，即碱基序列。生物体内 DNA 携带的遗传信息都是由碱基序列决定的，碱基序列的千变万化蕴藏着丰富的遗传信息。DNA 一级结构的表示方式见图 3-8。

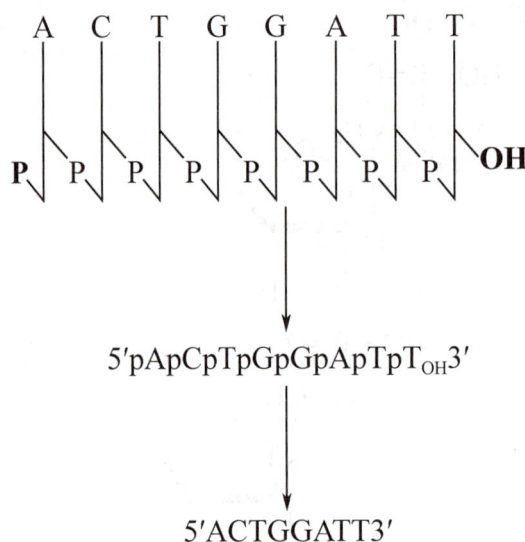

ACTGGATT

5'pApCpTpGpGpApTpT$_{OH}$3'

5'ACTGGATT3'

图 3-8　DNA 一级结构的表示方式

（二）DNA 的空间结构

1953 年，J. Watson 和 F. Crick 提出了 DNA 分子双螺旋结构模型，确立了 DNA 的二级结构（图 3-9）。双螺旋结构模型特点主要包括：

1. DNA 是右手双螺旋　DNA 分子是由两条平行但走向相反（一条链为 5′ → 3′，另一条链为 3′ → 5′）的多聚脱氧核苷酸链围绕同一中心轴，以右手螺旋方式形成的双螺旋结构。

2. DNA 的碱基互补配对规律　双螺旋结构的外侧是由磷酸与脱氧核糖组成的亲水性骨架，内侧是疏水的碱基，碱基平面与中心轴垂直。两条链同一平面上的碱基形成氢键，使两条链连接在一起。A 与 T 之间形成两个氢键，G 与 C 之间形成三个氢键。A=T、G ≡ C 配对的规律称为碱基互补配对规律，两条链则为互补链。

3. DNA 双螺旋结构的稳定因素　DNA 双螺旋结构的横向稳定性靠两条链间的氢键维系，纵向稳定性则靠碱基平面间的疏水性碱基堆积力维系。

🔧 临床应用

核酸检测

核酸广泛存在于生物体内，而核酸中的碱基序列，就像是人类的指纹，每种生物都有自己特有的碱基序列，或称核酸序列。核酸检测，即检测待测样本中的特异性核酸序列。针对病原体自身特异性核酸（DNA 或 RNA）序列，通过分子杂交和基因扩增等手段，鉴定和发现这些病原体基因组、基因或基因片段是否在人体组织中存在，从而证实病原体的感染。

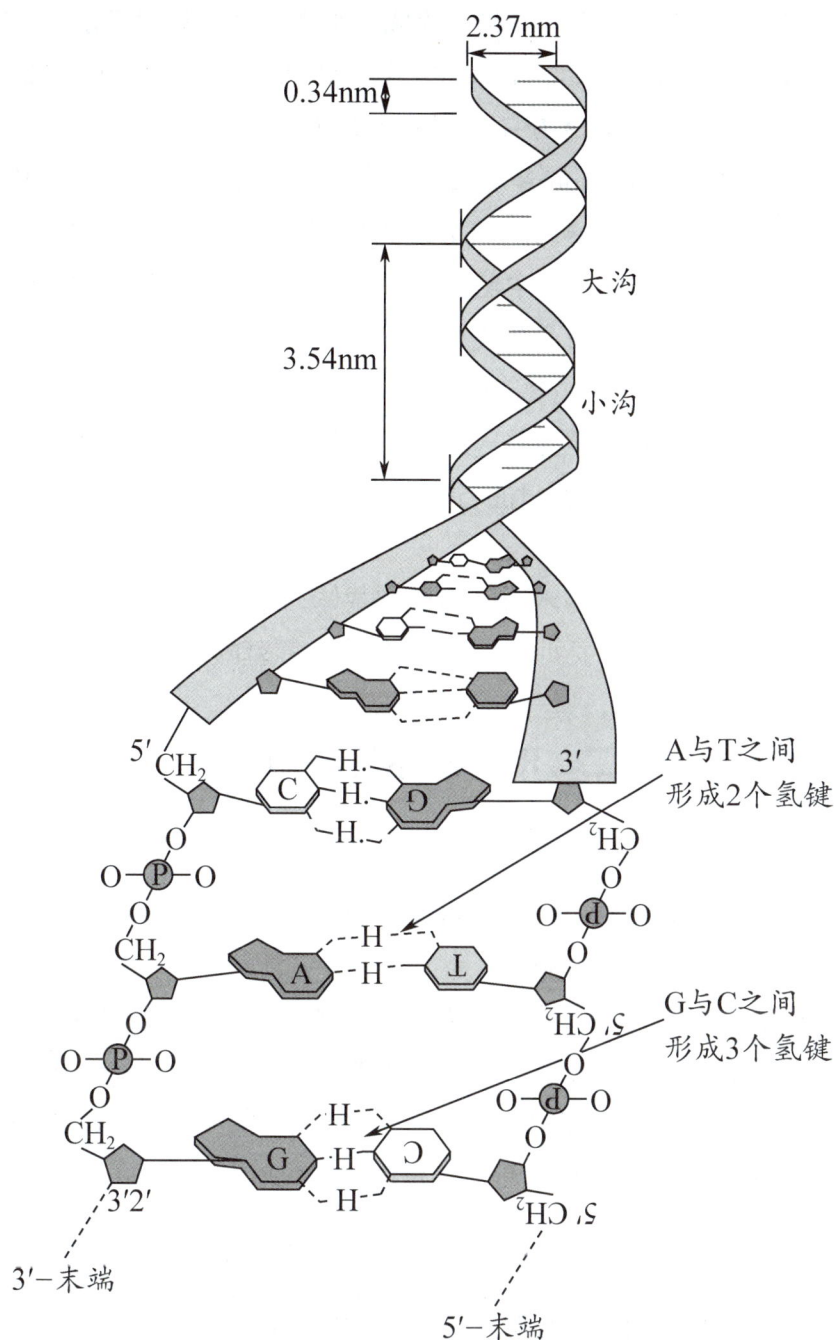

图 3-9　DNA 双螺旋结构示意图

图中标注：

2.37nm

0.34nm

3.54nm

大沟

小沟

A与T之间形成2个氢键

G与C之间形成3个氢键

5′　CH₂

3′　OH

C　H.　D

A　H　L

G　H　C

O─P─O

3′2′

3′-末端

5′-末端

知识拓展

DNA 双螺旋结构的发现

20 世纪中期，美国人 E. Chargaff 利用层析和紫外吸收光谱等技术研究了 DNA 的化学成分，提出了 DNA 中四种碱基组成的 Chargaff 规则：①腺嘌呤与胸腺嘧啶的摩尔数相等，而鸟嘌呤和胞嘧啶的摩尔数相等；②不同生物种属的 DNA 碱基组成不同；③同一个体的不同器官、不同组织的 DNA 具有相同的碱基组成。这一规则提示 DNA 的碱基中 A 与 T、G 与 C 是以配对形式出现的。后来，英国人 M. Wilkins 和 R. Franklin 用 X 射线衍射技术分析 DNA 结晶，显示 DNA 分子为螺旋形分子。

1953 年，美国科学家 J. Watson 和英国科学家 F. Crick 综合前辈的研究成果，提出了 DNA 的双螺旋结构模型（称 Watson-Crick 结构模型），解释了遗传的分子机制。二人因此获得 1962 年的诺贝尔生理学或医学奖。DNA 双螺旋结构的发现是生物学发展史上的重要里程碑，极大地推动了生命科学的发展。

在二级结构基础上，DNA 还可进一步折叠成超螺旋结构存在于细胞内。例如，在真核生物中，DNA 双螺旋进一步折叠盘曲，最后压缩成染色单体。

（三）DNA 的功能

DNA 的基本功能是作为生物体遗传信息的载体，携带遗传信息，并作为基因复制和转录的模板，通过 DNA 的碱基序列，决定了蛋白质中氨基酸的排列顺序。

二、RNA 的结构与功能

（一）RNA 的一级结构

RNA 的一级结构是指 RNA 分子中核苷酸从 $5' \to 3'$ 的排列顺序或碱基序列。

（二）RNA 的空间结构与功能

RNA 以单链形式存在，局部可折叠，按 A=U、G≡C 的互补配对规律形成局部双螺旋区域。无配对的碱基突出形成小环，局部双螺旋和突环形似发夹，称为发夹式结构，是 RNA 二级结构的基本构型。体内 RNA 种类繁多，主要有信使 RNA（mRNA）、转运 RNA（tRNA）、核糖体 RNA（rRNA）等（表 3-5）。

表 3-5　三种 RNA 的含量、结构特点和功能

种类	含量（占细胞总 RNA 的比例）	结构特点	功能
mRNA	2%～5%	线性，局部双螺旋	蛋白质合成的模板
tRNA	约 15%	三叶草形	运输氨基酸的载体
rRNA	80% 以上	线性，局部双螺旋	蛋白质合成的场所

1. mRNA　携带有来自 DNA 的遗传信息，作为蛋白质生物合成的模板，决定着多肽链中的氨基酸序列。模板的关键在于 mRNA 分子中 $5' \to 3'$ 方向，每三个相邻的核苷酸构成一个三联体，可代表某种氨基酸或其他信息，该三联体称为遗传密码或密码子。

2. tRNA　在蛋白质生物合成中起运输氨基酸的作用。tRNA 具有"三叶草"形的二级结构(图 3-10)。反密码环顶部三个相邻核苷酸组成反密码子,可识别 mRNA 上的密码子,使携带的氨基酸能准确进位合成多肽链。tRNA 3′-端有"CCA-OH"结构,称氨基酸臂,为结合氨基酸的部位。

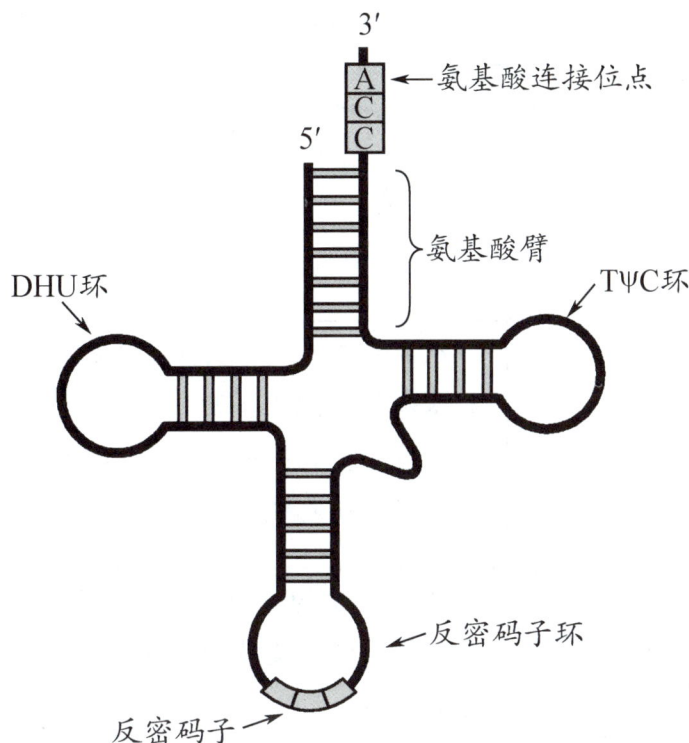

图 3-10　tRNA 二级结构示意图

3. rRNA　与蛋白质一起构成核糖体,是蛋白质生物合成的场所。原核生物和真核生物的核糖体均由大亚基和小亚基组成,在多肽链合成中发挥着不同的作用。

RNA 还可进一步形成更高级的空间结构,如研究发现 tRNA 的三级结构为倒"L"型。

知识拓展

新型冠状病毒

新型冠状病毒感染(COVID-19)的致病因子是一种名为 SARS-CoV-2 的 RNA 病毒。该病毒形态多呈球形,病毒表面有形态类似皇冠的突起,"冠状"病毒因此得名。感染者初期常出现发热、乏力、干咳等症状,经过积极治疗后多数患者预后良好,但部分患者会逐渐出现呼吸困难、呼吸衰竭及其他危重并发症,严重者甚至造成死亡。

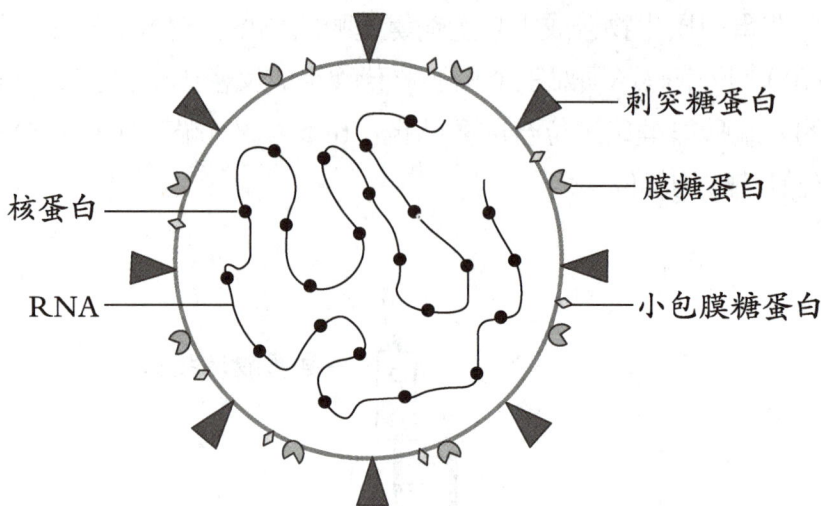

刺突糖蛋白

膜糖蛋白

核蛋白

RNA

小包膜糖蛋白

章末小结

| 核酸结构与功能 | 核酸的分子组成 | 1. 组成元素：C、H、O、N、P。
2. 基本单位：核苷酸，由戊糖、碱基、磷酸构成。
3. 某些重要的核苷酸：如ATP等。
4. 核苷酸的连接方式：以3′，5′-磷酸二酯键连接。 |
| | 核酸的分子结构与功能 | 1. DNA的结构与功能：一级结构即碱基序列，二级结构为双螺旋结构。其主要功能是作为遗传信息的载体。
2. RNA的结构与功能：主要有mRNA、tRNA、rRNA三种，其结构与功能各不相同。共同作用是参与蛋白质的生物合成。 |

（张亚平）

❓ 思考与练习

1. 比较两类核酸在基本成分、组成单位及功能上的异同。

2. 试述 DNA 双螺旋结构模型要点。

3. 试述 tRNA 空间结构的特点及功能。

第四章 ｜ 酶

04章 数字内容

工作情景与任务

导入情景：

1. 我们来做个试验：咬一口馒头在口腔里慢慢咀嚼，我们会感觉到有唾液不停地分泌出来，继续咀嚼不要着急下咽，我们会品尝出一丝丝甜味。

2. 淀粉和纤维素都是由葡萄糖分子缩合成的多糖，但我们只能消化淀粉，不能消化纤维素。

工作任务：

1. 口腔中的甜味从何而来？

2. 淀粉和纤维素同为多糖，试分析不能消化纤维素的原因。

第一节 概 述

一、酶的作用与本质

酶是一类生物催化剂，体内几乎所有的化学反应都是在酶的催化下完成的。酶（E）

是由活细胞合成的具有高效催化作用的有机物,其中绝大多数酶是蛋白质。酶所催化的反应称为酶促反应,被酶催化的物质称为底物(S),反应的生成物称为产物(P),酶所具有的催化能力称为酶活性,如果酶丧失催化能力称为酶失活。

核酶

1982年,科学家发现某些RNA也具有催化功能,因为其化学本质是RNA,为了与一般的酶区分,将其命名为核酶。随着对核酶的进一步研究,人们还人工合成了一些具有催化活性的DNA。核酶的发现打破了所有酶都是蛋白质的传统观念,为人们研究核酸和蛋白质、揭示生命的奥秘开阔了新的视野,同时也告诉我们人类对世界的认识是不断发展进步的。

二、酶促反应的特点

酶是催化剂,具有一般催化剂的共性:①少量催化剂就能大大加快化学反应速度,不改变反应的平衡点;②在化学反应前后本身没有质和量的改变;③只能催化热力学上允许进行的反应。但酶还具有一般催化剂所没有的特性。

(一)高度的催化效率

酶具有极高的催化效率,酶的催化效率通常比非催化反应高$10^8 \sim 10^{20}$倍,比一般催化剂高$10^7 \sim 10^{13}$倍。

(二)高度的专一性

酶对其所催化的底物具有严格的选择性,即一种酶只能作用于一种或一类化合物,或一定的化学键,催化一定的化学反应并产生一定的产物,酶的这种特性称为酶的专一性或特异性。

(三)酶活性的不稳定性

酶的化学本质是蛋白质,凡能使蛋白质变性的理化因素都能使酶蛋白变性失活。因此酶对环境因素的变化非常敏感,如温度、pH等,这在体外酶促反应实验中尤应注意。

(四)酶活性的可调节性

酶促反应受多种因素的调控,以适应机体不断变化的内外环境和生命活动的需要。例如:①通过对酶的合成和降解速率的调节实现对酶含量的调节;②代谢物对关键酶的激活和抑制;③酶在细胞内的区域化分布,使各种代谢途径互不干扰等。

加酶洗衣粉

20世纪80年代,日本一家公司首先推出含有碱性纤维素酶制剂的洗衣粉,不仅大大提升了去污效果,而且能使洗涤后的棉纺织品更加色泽鲜艳、柔软蓬松。这种洗衣粉不同于过去的含磷洗涤剂,加入的酶制剂不仅可以有效清除衣物上的污渍,并且其产物能够被微生物分解,对人体没有毒害作用,也不会引起水体富营养化、污染环境。因此,加酶洗衣粉受到了人们的普遍欢迎。

三、酶促反应的机制

(一)酶能有效地降低反应活化能

化学反应速度取决于反应体系中活化分子的数目,活化分子数越多,反应越快。酶能通过其特有的机制,比一般催化剂更大幅度地降低反应所需的活化能,提高反应体系中活化分子的数目,表现出极高的催化效率(图4-1)。活化能是指在一定温度下,反应物从初态转化为活化状态所需要的能量。

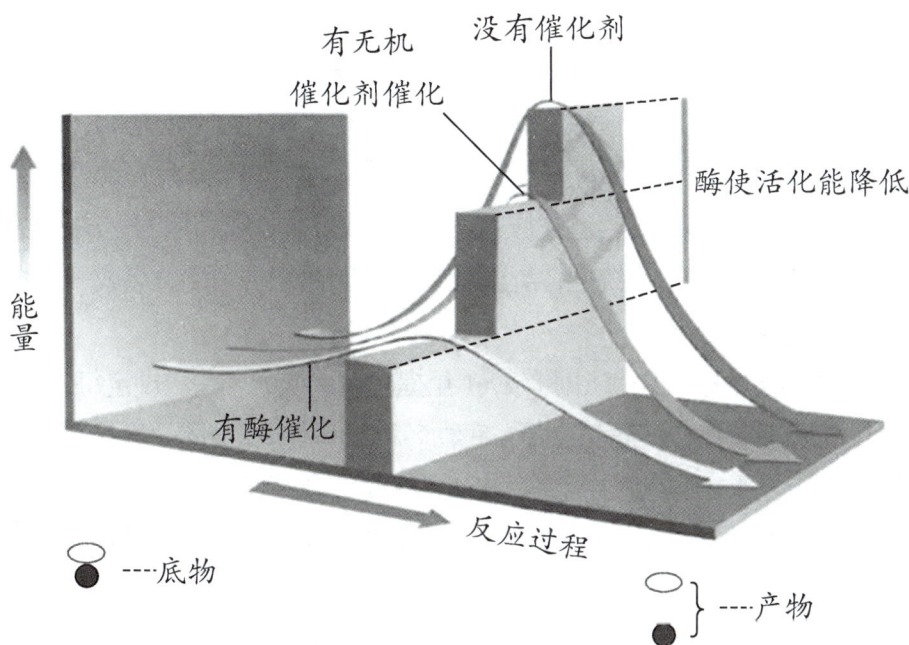

图4-1 酶降低化学反应活化能示意图

(二)酶-底物复合物的形成与诱导契合假说

酶催化某一反应时,首先与底物结合生成酶-底物复合物,此复合物再进行分解而释放出酶,同时生成一种或数种产物。此为中间产物学说,可用反应式表示:

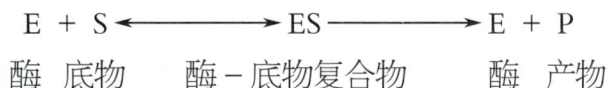

$$E + S \longleftrightarrow ES \longrightarrow E + P$$

酶　底物　　酶-底物复合物　　酶　产物

酶与底物的结合不是简单的锁与钥匙的机械关系。酶在与底物结合前,它们的结构不一定完全吻合,但当它们相互接近时,其结构相互诱导、相互变形和相互适应,进而相互结合形成酶-底物复合物(ES)。这一过程称为酶-底物结合的诱导契合假说(图4-2)。中间产物ES的形成,改变了原来的反应途径,从而大大地降低了反应的活化能,加快了反应速度。

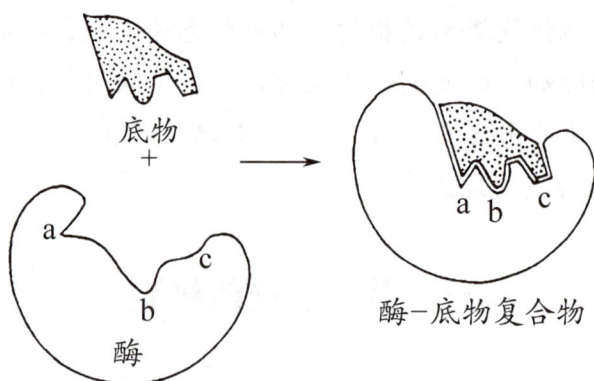

图 4-2 酶 – 底物结合的诱导契合示意图

四、酶 的 命 名

（一）习惯命名法

在酶学研究早期,酶的命名缺乏系统规则,其名称多是根据酶所催化的底物、反应的性质及酶的来源而定。根据酶所催化的底物命名,如催化淀粉水解的称为淀粉酶,催化蛋白质水解的称为蛋白酶;按酶的来源命名,如胃蛋白酶、胰蛋白酶;根据酶催化反应的性质和类型命名,如水解酶、氧化酶等。有的酶则结合上述原则命名,如琥珀酸脱氢酶是催化琥珀酸脱氢反应的酶。习惯命名法虽简单,但缺乏系统性,常出现混乱,有时会出现一酶数名或一名数酶的现象。

（二）系统命名法

国际酶学委员会以酶的分类为依据于 1961 年提出了系统命名法。规定每一种酶均有一个系统名称,标明了酶的所有底物与反应性质,底物名称之间用“:”分隔。系统命名法虽然合理,但由于许多酶促反应是双底物或底物名称太长,这使得许多酶的系统名称过长、过于复杂。为了应用方便,国际酶学委员会又从每种酶的数个习惯名称中选定一个简便实用的推荐名称。

第二节　酶的分子结构与功能

一、酶的分子组成

根据酶的化学组成,可将酶分为单纯酶和结合酶两大类。

（一）单纯酶

仅由蛋白质组成的酶称为单纯酶,如蛋白酶、脂肪酶、淀粉酶、核酸酶等。

（二）结合酶

由蛋白质和非蛋白质两部分组成的酶称为结合酶。蛋白质部分称为酶蛋白,非蛋白质部分称为辅因子。两者单独存在时均无催化活性,只有结合在一起后才有催化活性。其中酶蛋白决定酶的专一性,辅因子决定酶促反应的类型。生物体内大多数酶属于结合酶。

结合酶＝酶蛋白＋辅因子

辅因子有两类：①金属离子，如 K^+、Mg^{2+}、Zn^{2+}、Cu^{2+}、Fe^{2+} 等；②小分子有机物，主要是 B 族维生素或其衍生物（表 4–1）。

辅因子根据其与酶蛋白结合的紧密程度不同分为辅酶和辅基。与酶蛋白结合疏松的称为辅酶，结合紧密的称为辅基。

表 4–1　含 B 族维生素的辅酶或辅基

辅酶或辅基	所含维生素	主要功能	结合酶举例
焦磷酸硫胺素（TPP）	维生素 B_1	脱羧	α– 酮酸氧化脱氢酶系
黄素单核苷酸（FMN）	维生素 B_2	递氢	黄酶
黄素腺嘌呤二核苷酸（FAD）	维生素 B_2	递氢	琥珀酸脱氢酶
烟酰胺腺嘌呤二核苷酸（NAD^+）	维生素 PP	递氢	乳酸脱氢酶
烟酰胺腺嘌呤二核苷酸磷酸（$NADP^+$）	维生素 PP	递氢	6– 磷酸葡萄糖脱氢酶
磷酸吡哆醛、磷酸吡多胺	维生素 B_6	转移氨基	丙氨酸转氨酶
辅酶 A（HS–CoA）	泛酸	转移酰基	酰基转移酶
四氢叶酸（FH_4）	叶酸	转移一碳单位	一碳单位转移酶
甲基钴胺素	维生素 B_{12}	转移甲基	N^5– 甲基四氢叶酸转移酶

知识拓展

维生素

维生素是维持人体生命活动的必需物质。包括脂溶性维生素和水溶性维生素两大类。脂溶性维生素包括 A、D、E、K，水溶性维生素包括 B 族维生素和维生素 C。B 族维生素主要有：B_1、B_2、PP、B_6、B_{12}、叶酸、泛酸、生物素。体内维生素如果缺乏可导致代谢障碍，引发疾病。

二、酶的活性中心与必需基团

（一）活性中心

酶分子中能与底物特异结合并将底物转化为产物的区域，称为酶的活性中心。酶的活性中心是酶发挥催化作用的关键所在，辅因子参与其组成。

（二）必需基团

酶分子中与酶的活性密切相关的基团，称为酶的必需基团，位于活性中心内或活性中心外。活性中心内的必需基团有两种：一种是结合基团，其功能是识别底物并与底物结合；另一种是催化基团，其功能是催化底物发生化学反应转变成产物。酶活性中心外的必需基团虽然不直接参与催化作用，但能维持酶活性中心空间构象的稳定，也是酶发挥催化作用所必需的(图4-3)。

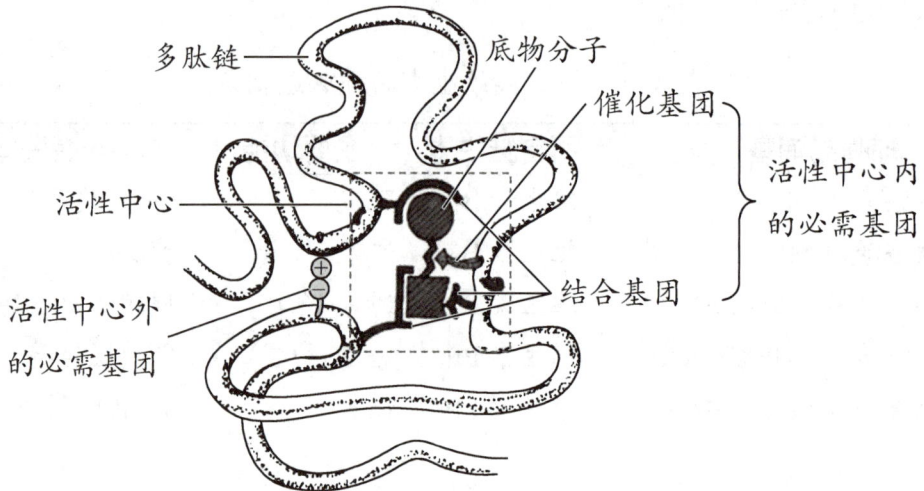

图4-3 酶活性中心示意图

（三）酶原与酶原的激活

有些酶在细胞内合成或初分泌时无催化活性，这种无活性的酶的前体称为酶原。酶原转变成有活性的酶的过程称为酶原的激活。酶原激活的实质是酶活性中心形成或暴露的过程。

例如，胰蛋白酶原在胰腺内初分泌时，以无活性的酶原形式存在，当进入小肠后，受肠激酶的激活，从N端水解掉一个六肽，酶分子构象发生改变，形成了活性中心，从而成为有催化活性的胰蛋白酶(图4-4)。

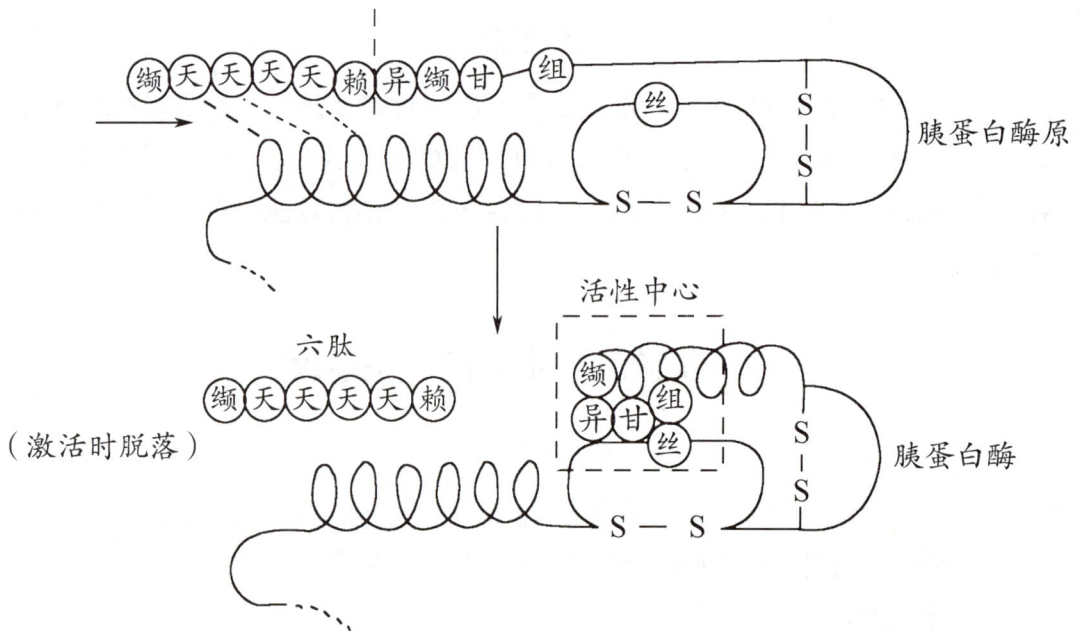

图4-4 胰蛋白酶原激活示意图

酶原的激活具有重要的生理意义，既可以避免细胞产生的蛋白酶对自身进行消化，又可保证酶在特定部位和环境中发挥其催化作用。此外，酶原还可视为酶的贮存形式。如凝血酶原和纤溶酶原在血液中运行，一旦需要便及时地转化为有活性的酶，发挥其对机体的保护作用。

急性胰腺炎

急性胰腺炎是指由于某些原因引起胰蛋白酶原在胰腺组织被激活，进而水解自身的胰腺细胞，导致胰腺出血、肿胀。

引起急性胰腺炎的常见原因有胆道疾病（如胆石症、胆道感染等）、大量饮酒和暴饮暴食。主要症状：急性上腹痛、恶心、呕吐、发热，血和尿淀粉酶活性增高。

三、同工酶与关键酶

（一）同工酶

同工酶是指催化相同的化学反应，而酶蛋白的分子结构、理化性质及免疫学性质不同的一组酶。同工酶虽然在一级结构上存在差异，但其活性中心的三维结构相同或相似，故可以催化相同的化学反应。同工酶存在于同一种属或同一个体的不同组织细胞中。目前已知的同工酶中发现最早、研究最多的是乳酸脱氢酶（LDH）同工酶。LDH 由心肌型（H 型）和骨骼肌型（M 型）两种类型的亚基以不同的比例组成五种同工酶，即 LDH_1（H_4）、LDH_2（H_3M）、LDH_3（H_2M_2）、LDH_4（HM_3）和 LDH_5（M_4）（图 4-5），它们均能催化乳酸与丙酮酸之间的氧化还原反应。

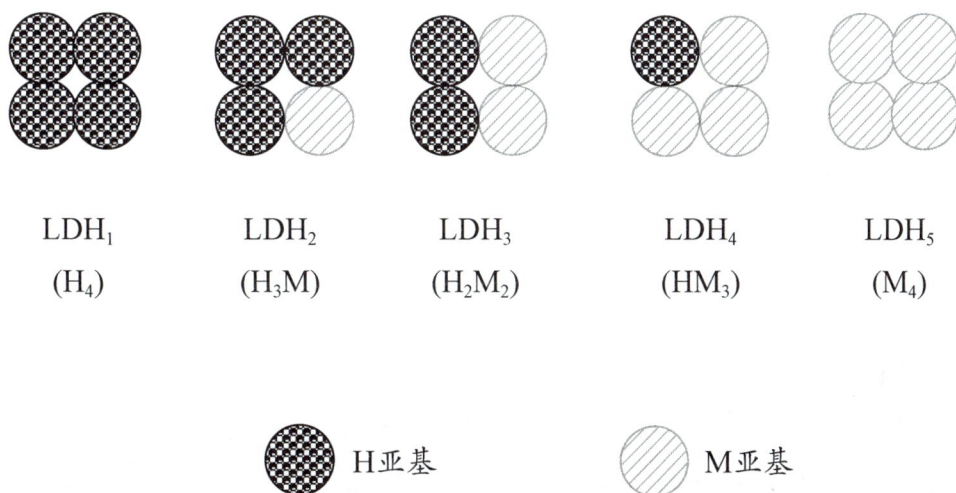

LDH_1	LDH_2	LDH_3	LDH_4	LDH_5
（H_4）	（H_3M）	（H_2M_2）	（HM_3）	（M_4）

⬤ H亚基　　　　　◯ M亚基

图 4-5　乳酸脱氢酶的同工酶

同工酶在同一个体不同组织，以及同一细胞的不同亚细胞结构中的分布与含量不同，从而形成不同的同工酶谱。如人体各组织器官中LDH同工酶的分布便有很大差别（表4-2）。

表4-2　人体各组织器官中LDH同工酶谱（活性%）

组织器官	LDH_1	LDH_2	LDH_3	LDH_4	LDH_5
心肌	67	29	4	<1	<1
肾	52	28	16	4	<1
肝	2	4	11	27	56
骨骼肌	4	7	21	27	41
红细胞	42	36	15	5	2

当某组织细胞病变时，该组织细胞特异的同工酶会释放入血。因此，临床上检测血清中同工酶活性、分析同工酶谱有助于疾病的诊断和预后判定。如正常血清LDH_2活性高于LDH_1，心肌梗死时细胞内LDH_1大量释放入血，使血清LDH_1活性高于LDH_2，而肝病时LDH_5活性则明显升高（图4-6）。

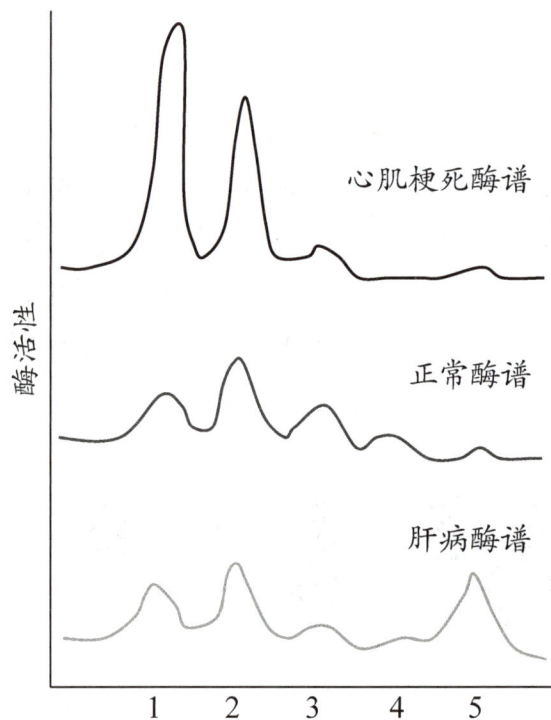

图4-6　心肌梗死与肝病患者血清乳酸脱氢酶同工酶谱的变化

（二）关键酶

关键酶是指在代谢过程中决定反应速度和方向的酶。这些酶具有可调节性，常催化不可逆反应，如糖酵解过程中有三个不可逆反应，分别由己糖激酶、磷酸果糖激酶和丙酮酸激酶催化，它们反应速度最慢，是控制糖酵解流量的三个关键酶。又如他汀类药物有明显的调血脂作用，它通过竞争性抑制胆固醇合成的关键酶（HMG-CoA 还原酶）的活性，减少体内胆固醇的合成，从而达到降低胆固醇的目的。

第三节　影响酶促反应速度的因素

酶促反应速度是指单位时间内底物的减少量或产物的生成量。影响酶促反应速度的因素有底物浓度、酶浓度、温度、pH、激活剂和抑制剂等。了解影响酶促反应速度的因素，对酶含量测定、疾病的诊断和治疗等有指导意义。

一、底物浓度的影响

在酶浓度及其他条件不变的情况下，底物浓度对酶促反应速度的影响呈矩形双曲线关系（图 4-7）。在底物浓度较低时，酶的活性中心结合的底物较少，反应速度随底物浓度的增加而加快，两者成正比。随着底物浓度的逐渐增加，酶的活性中心结合的底物越来越多，反应速度的增幅下降。若再增大底物浓度，当超过酶浓度时，反应速度不再增加，达到了最大速度（V_{max}），此时酶的活性中心已被底物饱和。

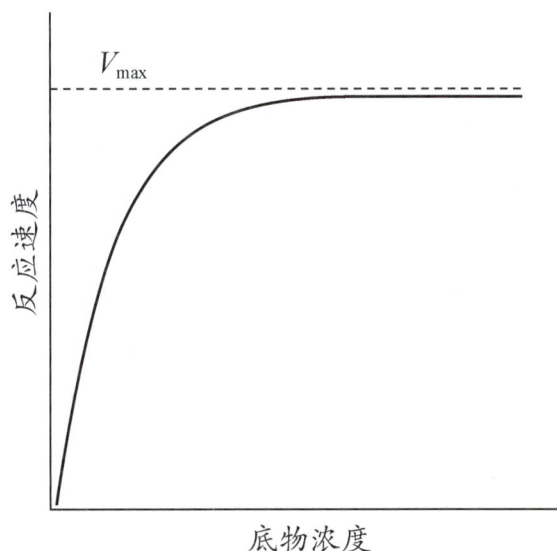

图 4-7　底物浓度对酶促反应速度的影响

二、酶浓度的影响

在最适条件和底物浓度大大超过酶的浓度时，酶促反应速度与酶的浓度成正比（图 4-8）。即酶浓度越高，反应速度越快。

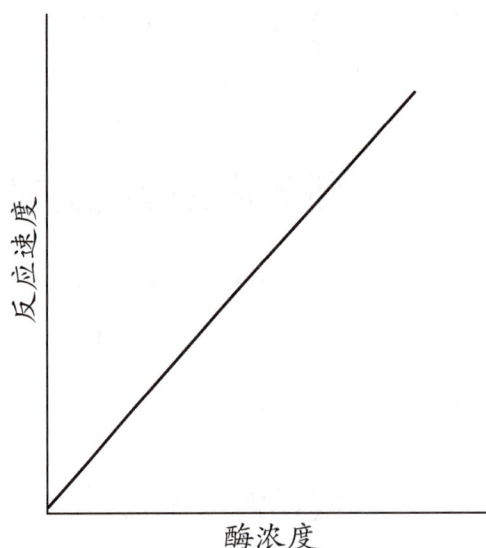

图 4-8　酶浓度对酶促反应速度的影响

三、温度的影响

温度对酶促反应速度的影响具有双重性。温度升高可使反应速度加快,但当温度升高达到一定临界值时,温度的升高则可使酶变性,进而使酶促反应速度下降。酶促反应速度最快时的环境温度称为酶的最适温度(图4-9),人体内酶的最适温度在37℃左右。

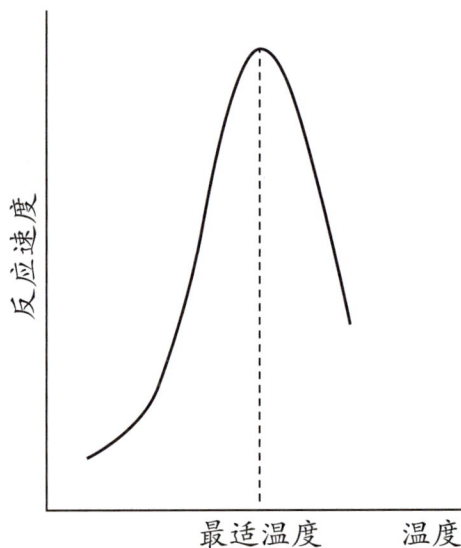

图 4-9　温度对酶促反应速度的影响

酶在低温下活性降低,但随着温度的回升,酶活性会逐渐恢复。医学上用低温保存酶和菌种等生物制品就是利用了酶的这一特性。临床上采用低温麻醉时,机体组织细胞中的酶在低温下活性降低,物质代谢速度减慢,组织细胞耗氧量减少,对缺氧的耐受性升高,对机体有保护作用。

四、pH 的影响

同一种酶在不同 pH 条件下活性不同,酶促反应的速度也不同。酶促反应速度最大时的 pH 称为酶的最适 pH。体内大多数酶的最适 pH 接近中性,如唾液淀粉酶的最适 pH 是 6.8。但也有例外,如胃蛋白酶的最适 pH 约为 1.8,胆碱酯酶最适 pH 为 9.8(图 4-10)。

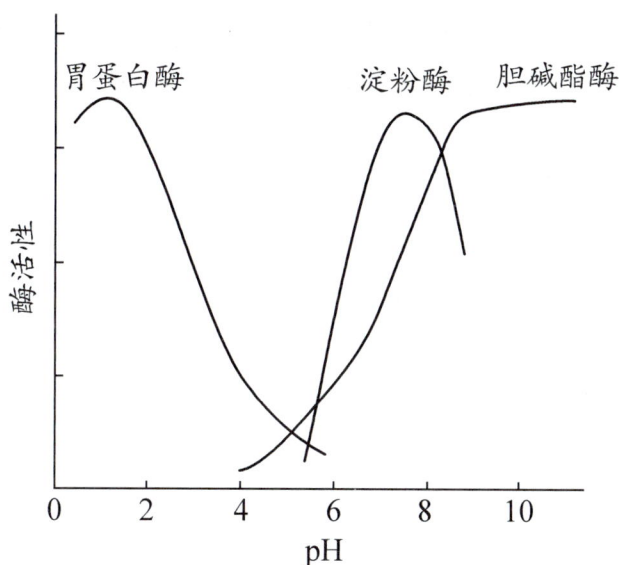

图 4-10　pH 对酶促反应速度的影响

五、激活剂的影响

使酶从无活性变为有活性或使酶活性增加的物质，称为酶的激活剂。激活剂大多为金属离子（如 Mg^{2+}、K^+、Mn^{2+} 等），少数为阴离子（如 Cl^-），也有许多小分子有机物（如胆汁酸盐）。大多数金属离子激活剂是酶促反应必不可少的，否则将测不到酶的活性，此类激活剂称为酶的必需激活剂。有些酶即使激活剂不存在时，仍有一定的催化活性，但活性较低，加入激活剂后，酶的催化活性可显著提高，这类激活剂称为非必需激活剂，如胆汁酸盐对胰脂肪酶的激活，Cl^- 对唾液淀粉酶的激活属于此类。

六、抑制剂的影响

凡能与酶结合而使酶活性降低，但不引起酶蛋白变性的物质统称为酶的抑制剂。其抑制作用分为不可逆性抑制与可逆性抑制两类。

（一）不可逆性抑制

抑制剂与酶活性中心的必需基团以共价键结合，使酶失去活性，这种抑制作用称为不可逆性抑制。此种抑制不能用透析、超滤等物理方法去除抑制剂，只能靠某些药物才能解除抑制，使酶恢复活性。

例如，有机磷农药（1059、敌百虫、敌敌畏等）能特异性地与胆碱酯酶活性中心的羟基（—OH）结合，使胆碱酯酶失活，造成乙酰胆碱在体内蓄积而引发中毒。临床常用解磷定、阿托品等解毒。

重金属离子（Hg^{2+}、Ag^+、Pb^{2+} 等）、化学毒剂路易士气（含 As^{3+} 化合物）能与酶必需基团中的巯基（—SH）结合，从而抑制巯基酶的活性导致人畜中毒。临床常用二巯丙醇或二巯丁二钠解毒。

（二）可逆性抑制

抑制剂以非共价键与酶结合，使酶活性降低或丧失，这种抑制作用称为可逆性抑制。此种抑制用透析或超滤等物理方法可将抑制剂去除，使酶恢复活性。可逆性抑制又可分为两类。

1. 竞争性抑制　抑制剂和底物的结构相似，可与底物竞争同一酶的活性中心，从而阻碍酶与底物结合形成中间产物，酶促反应速度减慢，这种抑制作用称竞争性抑制（图 4-11）。

由于抑制剂与酶的结合是可逆的，因此可通过增加底物浓度使抑制作用减弱甚至解除。抑制程度的强弱取决于抑制剂与酶的相对亲和力及与底物浓度的相对比例。

竞争性抑制作用的原理可阐明许多药物的作用机制，如磺胺类药物就是通过竞争性抑制作用抑制细菌生长的。根据竞争性抑制的特点，服用磺胺类药物时必须保持血液中足够高的药物浓度，才能达到有效的抑菌作用。

2. 非竞争性抑制　抑制剂与底物的结构不相似，不影响酶与底物结合，而是与酶的活性中心以外的必需基团结合，底物与抑制剂之间无竞争关系，这种抑制作用称为非竞争性抑制（图 4-11）。非竞争性抑制作用的强弱仅取决于抑制剂的浓度，增加底物浓度不能解除抑制。

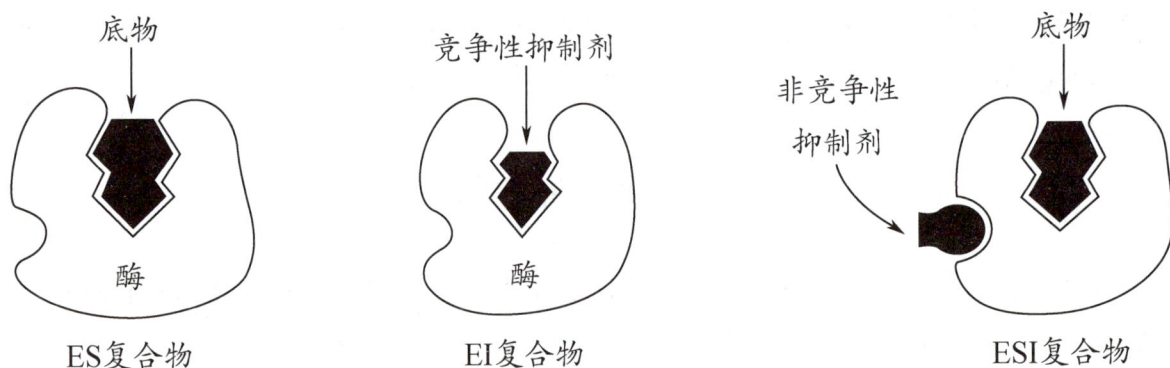

图 4-11　竞争性抑制与非竞争性抑制示意图

生化学而思

有机磷农药是我国使用量非常大的杀虫剂，毒性较大。中毒后机体会产生一系列症状，如恶心、呕吐、流涎、多汗、头晕、呼吸困难、意识障碍等。

请思考：

1. 有机磷农药中毒的机制是什么？
2. 有机磷农药对酶的影响和磺胺类药物的抑菌作用有何区别？

第四节　酶与医学的关系

一、酶与疾病的发生

酶的先天性缺陷是很多先天性疾病的重要病因之一。研究表明，现已发现的 140 多种先天性代谢缺陷中，多由酶的先天性缺损所致。例如，酪氨酸酶缺乏引起白化病；红细胞内 - 磷酸葡萄糖脱氢酶的缺乏引起蚕豆病；肝内缺乏葡萄糖 -6- 磷酸酶可引起糖原贮积症；苯丙氨酸羟化酶缺乏可引起苯丙酮尿症等。

二、酶与疾病的诊断

组织器官损伤可引起特异性酶释放入血，有助于对组织器官疾病的诊断。如急性肝炎时血清丙氨酸转氨酶活性升高；前列腺癌患者血清酸性磷酸酶含量升高；骨骼疾病的患者一般会出现血清碱性磷酸酶含量升高的现象。因此，临床上血清酶含量的异常变化可用于某些疾病的辅助诊断和预后判断。

三、酶与疾病的治疗

酶作为药物可用于多种疾病的治疗（表 4-3）。此外，许多药物的作用机制是通过抑制体内的某些酶来达到治疗目的，如氯霉素可抑制某些细菌转肽酶的活性从而抑制其蛋白质的合成；抗抑郁药通过抑制单胺氧化酶而减少儿茶酚胺的灭活，以此治疗抑郁症。

表 4-3　常用的治疗酶

酶	主要来源	用途
蛋白酶	胰、胃、植物、微生物	治疗消化不良、食欲缺乏
溶菌酶	蛋清、细菌	治疗各种细菌性和病毒性疾病
凝血酶	动物、细菌、酵母	治疗各种出血
超氧化物歧化酶	微生物、动植物	治疗类风湿关节炎、慢性多发性关节炎
链激酶	链球菌	治疗心脑血管栓塞

酶	主要来源	用途
核酸类酶	生物、人工改造	基因治疗、治疗病毒性疾病
抗体酶	分子修饰、诱导	与特异性抗原反应、清除各种致病性抗原

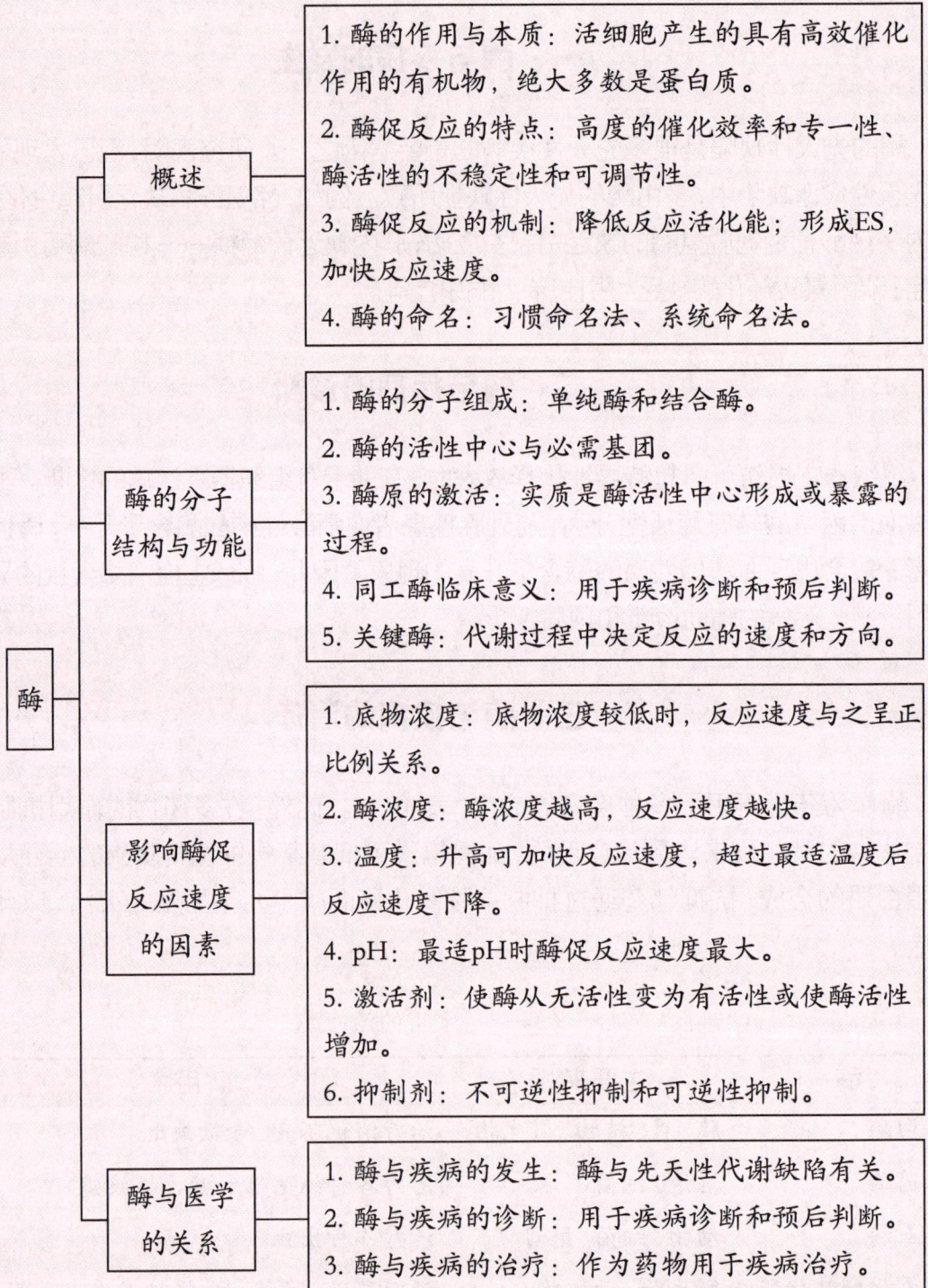

章末小结

酶

概述
1. 酶的作用与本质：活细胞产生的具有高效催化作用的有机物，绝大多数是蛋白质。
2. 酶促反应的特点：高度的催化效率和专一性、酶活性的不稳定性和可调节性。
3. 酶促反应的机制：降低反应活化能；形成ES，加快反应速度。
4. 酶的命名：习惯命名法、系统命名法。

酶的分子结构与功能
1. 酶的分子组成：单纯酶和结合酶。
2. 酶的活性中心与必需基团。
3. 酶原的激活：实质是酶活性中心形成或暴露的过程。
4. 同工酶临床意义：用于疾病诊断和预后判断。
5. 关键酶：代谢过程中决定反应的速度和方向。

影响酶促反应速度的因素
1. 底物浓度：底物浓度较低时，反应速度与之呈正比例关系。
2. 酶浓度：酶浓度越高，反应速度越快。
3. 温度：升高可加快反应速度，超过最适温度后反应速度下降。
4. pH：最适pH时酶促反应速度最大。
5. 激活剂：使酶从无活性变为有活性或使酶活性增加。
6. 抑制剂：不可逆性抑制和可逆性抑制。

酶与医学的关系
1. 酶与疾病的发生：酶与先天性代谢缺陷有关。
2. 酶与疾病的诊断：用于疾病诊断和预后判断。
3. 酶与疾病的治疗：作为药物用于疾病治疗。

（刘 苗）

1. 酶促反应的特点有哪些？
2. 酶原激活的生理意义是什么？
3. 影响酶促反应速度的因素有哪些？
4. 简述竞争性抑制作用与非竞争性抑制作用的区别。

第五章 | 生 物 氧 化

05章

05章 数字内容

学习目标

1. 具有认真、严肃的学习态度和科学的思维方法。
2. 掌握生物氧化；呼吸链和高能化合物的概念；ATP生成的方式。
3. 熟悉生物氧化的特点；呼吸链的类型；氧化磷酸化的概念及影响因素。
4. 了解呼吸链成分的排列；ATP的利用和能量的转移；CO_2的生成。
5. 学会应用生物氧化知识分析氰化物、CO中毒的机制以及甲亢患者出现怕热、多汗等临床症状的原因。

工作情景与任务

导入情景：

1. 某校女学生，16岁，一次性食用了较多的苦杏仁，食用后不久出现呼吸困难、头疼、眩晕、恶心、呕吐、心跳快而弱、四肢冰冷等症状。

2. 奥运会乒乓球运动员在比赛间歇吃香蕉的小动作被众多观众关注，甚至一度冲上热搜。

工作任务：

1. 请分析该女学生出现这些症状的原因。
2. 请思考香蕉变成能量的过程。

第一节 概 述

一、生物氧化的概念和方式

（一）生物氧化的概念

生物氧化即物质在生物体内进行的氧化反应，主要是营养物质（糖、脂肪、蛋白质等）在体内氧化分解生成 CO_2 和 H_2O，并逐步释放能量的过程。此过程伴有 O_2 的消耗和 CO_2 的产生，故又称为细胞呼吸。根据细胞内定位和功能不同，可将生物氧化分成两大体系，线粒体氧化体系和非线粒体氧化体系，本章主要学习线粒体氧化体系。

1. 线粒体氧化体系 主要是营养物质（糖、脂肪、蛋白质等）的氧化分解，以产能为主要功能，在线粒体中进行。

2. 非线粒体氧化体系 主要与体内代谢物、药物及毒物等物质的清除、排泄有关，不产生能量，在细胞的微粒体、过氧化物酶体等中进行。

知识拓展

细胞呼吸与呼吸酶的发现

20 世纪 20 年代，德国生物化学家瓦尔堡通过自创的瓦氏呼吸计测定组织的氧耗量来确定细胞的呼吸速率，发现了数种参与细胞内氧化的酶。瓦尔伯首先确定了一种含铁的呼吸酶，这种酶能加快细胞的呼吸速率，他称其为"含铁加氧酶"，并确定这种酶是一种血红素化合物，即现在所称的细胞色素氧化酶。由于瓦尔堡在呼吸酶领域的杰出贡献，他获得 1931 年诺贝尔生理学或医学奖。

（二）生物氧化的方式

生物氧化是在一系列氧化还原酶的作用下完成的，遵循氧化还原反应的一般规律。生物氧化的主要方式有加氧、脱氢、脱电子反应，其中以脱氢反应最为常见。

1. 加氧反应 在底物分子中，直接加入氧原子或氧分子。

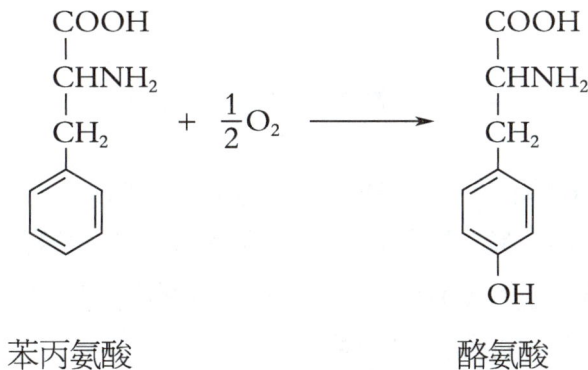

$$
\begin{array}{ccc}
\text{COOH} & & \text{COOH} \\
| & & | \\
\text{CHNH}_2 & & \text{CHNH}_2 \\
| & & | \\
\text{CH}_2 & + \frac{1}{2}O_2 \longrightarrow & \text{CH}_2 \\
\bigcirc & & \bigcirc\text{—OH}
\end{array}
$$

苯丙氨酸　　　　　　　　　酪氨酸

2. 脱氢反应 底物分子中脱下一对氢(2H),氢与受氢体结合。

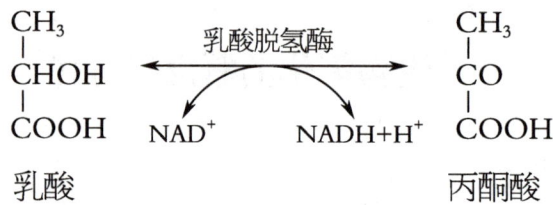

$$
\begin{array}{ccc}
\begin{matrix}
CH_3 \\
| \\
CHOH \\
| \\
COOH
\end{matrix}
& \xrightleftharpoons[\substack{NAD^+ \quad NADH+H^+}]{\text{乳酸脱氢酶}} &
\begin{matrix}
CH_3 \\
| \\
CO \\
| \\
COOH
\end{matrix} \\
\text{乳酸} & & \text{丙酮酸}
\end{array}
$$

3. 脱电子反应 底物分子上脱去一个电子,从而使其原子或离子化合价增加而被氧化。

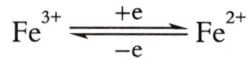

$$Fe^{3+} \underset{-e}{\overset{+e}{\rightleftharpoons}} Fe^{2+}$$

二、生物氧化的特点

糖、脂肪、蛋白质等营养物质在体内氧化与在体外燃烧虽然最终产物都是CO_2、H_2O并释放能量,但生物氧化与体外燃烧有显著不同(表5-1)。

表5-1 物质的生物氧化与体外燃烧比较

比较项目	生物氧化	体外燃烧
反应条件	pH近中性、约37℃温和的液体环境	高温环境
氧化方式	主要以脱氢的方式进行,需酶催化	直接被O_2氧化
能量释放	能量逐步释放,一部分以热能的形式散发维持体温,另一部分储存于ATP	以热能的形式骤然释放
CO_2、H_2O的生成方式	CO_2是有机酸脱羧基反应生成,H_2O是代谢物脱下的一对氢原子(2H)通过呼吸链传递给O_2生成	物质中的碳和氢直接与O_2结合生成

三、生物氧化的一般过程

糖、脂肪和蛋白质在体内的氧化分解可以分为三个阶段:第一阶段是糖、脂肪和蛋白质分解生成乙酰辅酶A;第二阶段是乙酰辅酶A参加三羧酸循环,生成$NADH+H^+$、$FADH_2$和CO_2;第三阶段是$NADH+H^+$和$FADH_2$中的氢经呼吸链传递给O_2生成H_2O,同时释放出来的能量用于ATP的生成(图5-1)。

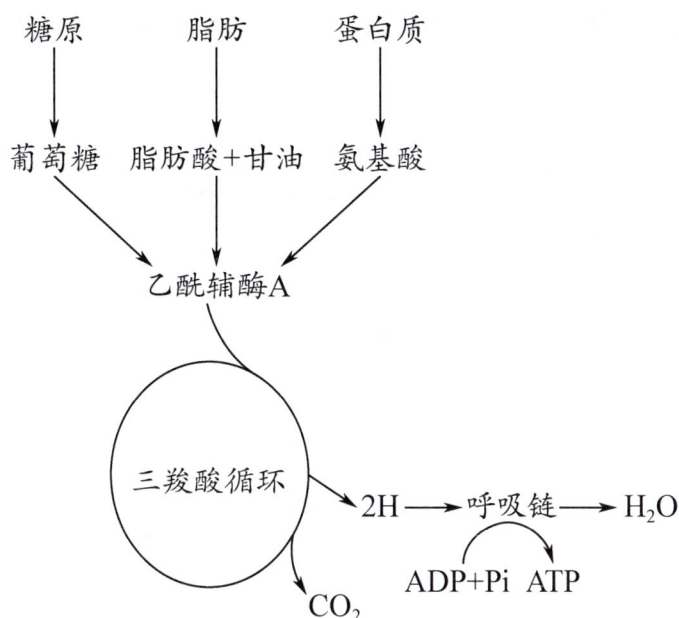

图 5-1　糖、脂肪和蛋白质氧化分解的三个阶段

第二节　生物氧化中 H_2O 的生成

一、呼吸链的概念

生物氧化过程中，代谢物脱下的成对氢原子（2H）经一系列酶或辅酶的传递，最终与 O_2 结合生成 H_2O，因为此连锁反应存在于线粒体的内膜上，与细胞摄取和利用 O_2 的呼吸过程有关，故称呼吸链。

二、呼吸链的组成

呼吸链由五类物质组成，其组成成分及功能见表 5-2。

（一）以 NAD$^+$ 为辅酶的脱氢酶类

NAD$^+$（烟酰胺腺嘌呤二核苷酸）是不需氧脱氢酶的辅酶，能可逆地加氢和脱氢，在进行加氢反应时，只接受 1 个氢原子和 1 个电子，将另 1 个 H$^+$ 游离出来。

（二）以 FMN 或 FAD 为辅基黄素蛋白

黄素蛋白因其辅基中含有核黄素（维生素 B_2）呈黄色而得名。黄素蛋白的种类很多，但辅基只有两种，即黄素单核苷酸（FMN）和黄素腺嘌呤二核苷酸（FAD），FMN 和 FAD 能可逆地进行加氢和脱氢反应。

（三）铁硫蛋白（Fe-S）

铁硫蛋白（Fe-S）含有等量的铁原子和硫原子（Fe_2S_2，Fe_4S_4），其分子中的铁可以呈二价（Fe^{2+} 还原型），也可以呈三价（Fe^{3+} 氧化型），由于铁的氧化还原而达到传递电子的作用。

（四）辅酶 Q（CoQ）

CoQ 是一种脂溶性醌类化合物，能可逆地进行加氢和脱氢反应。

（五）细胞色素（Cyt）

Cyt 是一类以铁卟啉为辅基的酶类。其铁原子有传递电子的作用。细胞色素因有特殊的吸收光谱而呈现颜色。根据吸收光谱的不同，分为 a、b、c 三类，每一类中又分出一些亚类。呼吸链中主要有 Cyt a、Cyt a_3、Cyt b、Cyt c、Cyt c_1。

它们在呼吸链中的排列顺序为：b → c_1 → c → a → a_3。Cyt a 和 Cyt a_3 结合紧密，很难分离，故写成 Cyt aa_3。Cyt aa_3 位于呼吸链的终末部位，可以直接将电子传递给 O_2，使 O_2 被激活成氧离子，故亦称为细胞色素氧化酶。

表 5-2　呼吸链的组成成分及其功能

组成成分	名称	传递机制		功能
		氧化型	还原型	
NAD^+	烟酰胺腺嘌呤二核苷酸	$NAD^+ \underset{-2H}{\overset{+2H}{\rightleftharpoons}} NADH + H^+$		
FMN 或 FAD	黄素单核苷酸 黄素腺嘌呤二核苷酸	$\left.\begin{array}{c} FMN \\ FAD \end{array}\right\} \underset{-2H}{\overset{+2H}{\rightleftharpoons}} \left\{\begin{array}{c} FMNH_2 \\ FADH_2 \end{array}\right.$		递氢
CoQ	辅酶 Q	$CoQ \overset{+2H}{\rightleftharpoons} CoQH_2$　$2e$　$+2H$		
Fe-S	铁硫蛋白	$Fe^{3+} \underset{-e}{\overset{+e}{\rightleftharpoons}} Fe^{2+}$		递电子
Cyt	细胞色素	$Cyt\ Fe^{3+} \underset{-e}{\overset{+e}{\rightleftharpoons}} Cyt Fe^{2+}$		

三、呼吸链中氢、电子的传递与 H_2O 的生成

线粒体内物质代谢脱下的氢（2H）通过以下两条呼吸链进行传递。

（一）NADH 氧化呼吸链

NADH 氧化呼吸链由 NAD^+、FMN、CoQ、Fe-S、Cyt（b、c_1、c、aa_3）组成。体内代谢物（异柠檬酸、丙酮酸、苹果酸、谷氨酸等）脱下的氢（2H）经 NADH 氧化呼吸链逐步传递给 O_2 生成水（图 5-2）。

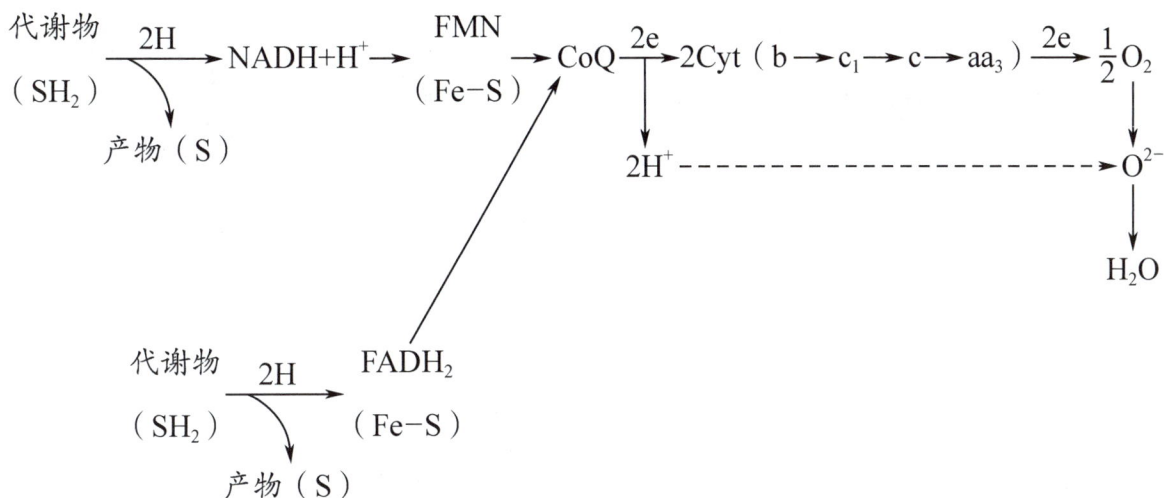

图 5-2　两条呼吸链的递氢、递电子顺序

（二）FADH$_2$ 氧化呼吸链

FADH$_2$（琥珀酸）氧化呼吸链由 FAD、CoQ、Fe−S、Cyt(b、c$_1$、c、aa$_3$)组成。体内代谢物(琥珀酸、脂酰 CoA 等)脱下的氢（2H）经 FADH$_2$ 氧化呼吸链逐步传递给 O$_2$ 生成水。

第三节　生物氧化中 ATP 的生成

一、高能键和高能化合物

有些化学键水解时释放的能量大于 21kJ/mol，这种键称为高能键，常用"～"符号表示。含有高能键的化合物称高能化合物，体内最主要的高能键为高能磷酸键，此外还有高能硫酯键（表 5-3）。体内最重要的高能化合物是 ATP，ATP 几乎是机体一切生命活动所需能量的直接供给者。

表 5-3　几种常见的高能化合物

结构式	举例	释放能量(pH 7.0, 25℃)/(kJ•mol^{-1})
$H_3C-N-C-N\sim℗$ 中 NH 双键连 C，下方 CH$_2$—COOH	磷酸肌酸	−43.9
COOH / CO$\sim$℗ / CH$_2$	磷酸烯醇式丙酮酸	−61.9

结构式	举例	释放能量（pH 7.0, 25℃)/(kJ·mol^{-1})
$H_3C-\overset{\displaystyle O}{\overset{\displaystyle \|}{C}}\sim ⓅP$	乙酰磷酸	−41.8
（ATP结构式）	ATP（三磷酸腺苷）	−30.5
$H_3C-\overset{\displaystyle O}{\overset{\displaystyle \|}{C}}\sim SCoA$	乙酰 CoA	−31.4

二、ATP 的生成

人体内 ATP 的生成有两种方式,底物水平磷酸化和氧化磷酸化。

（一）底物水平磷酸化

从具有高能键的底物中直接将能量转移给 ADP(GDP)而生成 ATP(GTP)的过程,称为底物水平磷酸化。

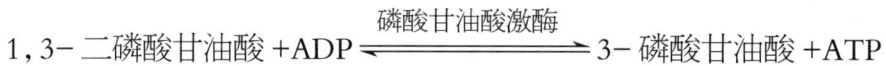

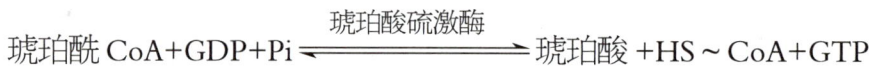

$$1,3-二磷酸甘油酸 +ADP \underset{}{\overset{磷酸甘油酸激酶}{\rightleftharpoons}} 3-磷酸甘油酸 +ATP$$

$$磷酸烯醇式丙酮酸 +ADP \xrightarrow{丙酮酸激酶} 烯醇式丙酮酸 +ATP$$

$$琥珀酰 CoA+GDP+Pi \overset{琥珀酸硫激酶}{\rightleftharpoons} 琥珀酸 +HS\sim CoA+GTP$$

（二）氧化磷酸化

氧化磷酸化是指在呼吸链电子传递过程中,释放能量使 ADP 磷酸化生成 ATP 的过程(图 5-3)。氧化磷酸化是体内生成 ATP 的主要方式。

实验证明:呼吸链中有 3 个部位释放的自由能可使 ADP 磷酸化生成 ATP,这些部位成为氧化磷酸化的偶联部位。代谢物脱下的氢经 NADH 氧化呼吸链传递生成 2.5 分子 ATP,而经 FADH$_2$ 氧化呼吸链传递生成 1.5 分子 ATP(图 5-4)。

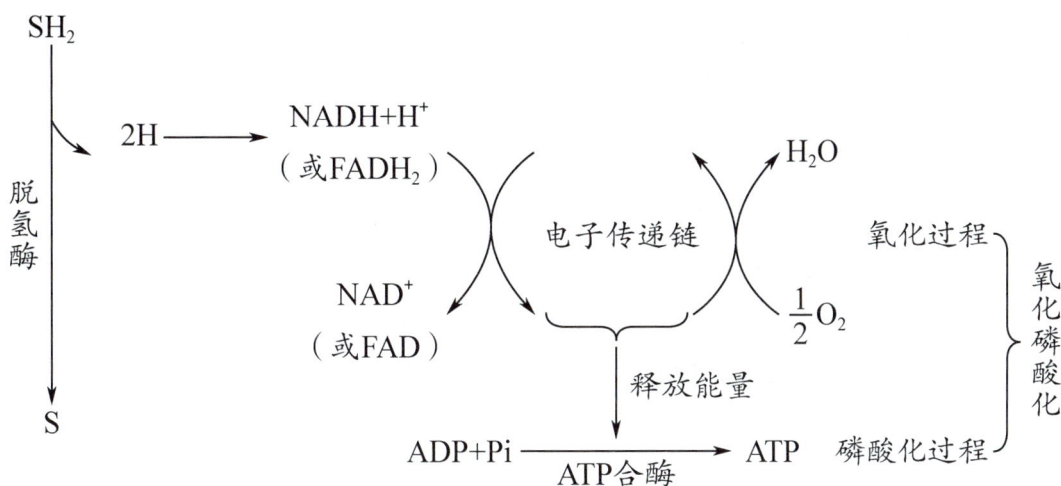

图 5-3 氧化磷酸化作用示意图

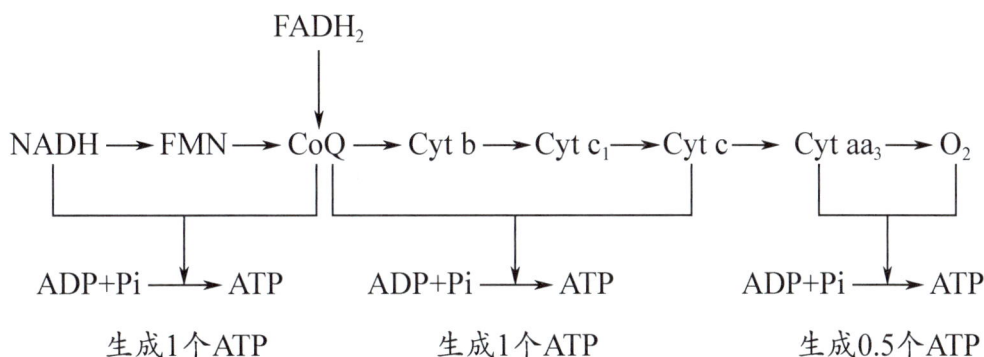

图 5-4 两条呼吸链 ATP 生成的部位示意图

🖐 临床应用

ATP 的临床应用

纯净的 ATP 呈白色粉末状,能够溶于水。作为一种药品,ATP 有提供能量和改善机体代谢的作用,常用于辅助治疗进行性肌肉萎缩、脑出血后遗症、心功能不全、心肌疾患及肝炎等疾病。ATP 有片剂可以口服,注射液可供肌内注射或静脉滴注。

(三)影响氧化磷酸化的因素

1. ATP/ADP 比值 ATP/ADP 比值是调节氧化磷酸化速度的重要因素。ATP/ADP 比值下降,可致氧化磷酸化速度加快;反之,当 ATP/ADP 比值升高时,则氧化磷酸化速度减慢。

2. 甲状腺激素 甲状腺激素可诱导细胞膜上 Na^+,K^+-ATP 酶的生成,使 ATP 水解增加,导致 ATP/ADP 比值下降,氧化磷酸化速度加快。甲状腺功能亢进症患者耗氧量和产热量均增加,基础代谢率增高。

甲状腺激对甲亢患者的影响

甲亢患者由于甲状腺激素分泌增加,血液中甲状腺激素水平升高,细胞膜上的 Na^+,K^+-ATP 酶的活性增强,ATP 分解速度加快,ADP 浓度升高,使氧化磷酸化速度加快。氧化磷酸化的过程中释放的能量有 40% 转移给 ADP 使其转变为 ATP,其余 60% 的能量以热能的形式散发。氧化磷酸化速度的加快使甲亢患者产热量增加,散热量也增加,所以其基础体温高于正常人。

3. 抑制剂 一类是呼吸链抑制剂又叫电子传递抑制剂。已知鱼藤酮、粉蝶霉素 A、异戊巴比妥等,它们可与复合体 I 中的铁硫蛋白结合,阻断电子传递到 CoQ。抗霉素 A、二巯丙醇抑制复合体 III 中 Cyt b 到 Cyt c_1 间的电子传递。CO、CN^-、H_2S 等,抑制细胞色素氧化酶,阻断电子由 Cyt aa_3 到氧的传递。这些抑制剂均为毒性物质,可使细胞内呼吸停止,与此相关的细胞生命活动中止,引起机体迅速死亡(图 5-5);另一类是解偶联剂,可使氧化与磷酸化的偶联分离,氧化仍可进行,而磷酸化不能进行,氧化过程中释放的能量不贮存于 ATP 分子中,而是全部以热能形式散失。常见的解偶联剂有二硝基苯酚、双香豆素等。此外,人和哺乳类动物棕色脂肪组织的线粒体内膜中富含解偶联蛋白,可使氧化磷酸化解偶联。

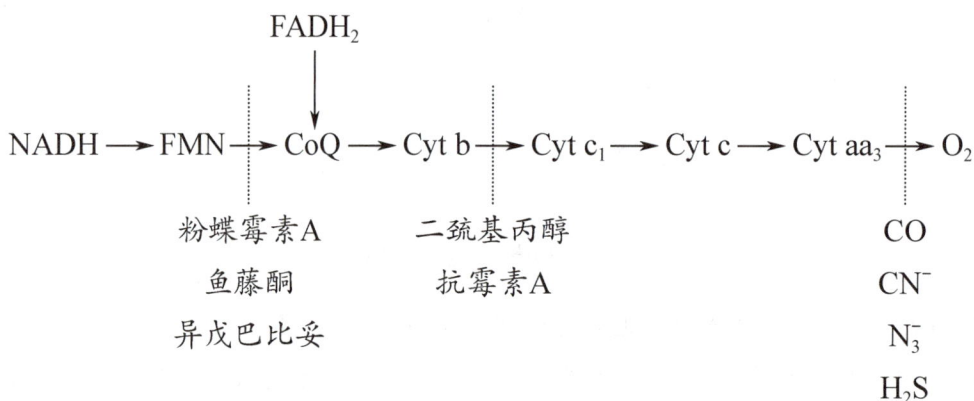

图 5-5 常见呼吸链抑制剂的作用部位示意图

氰化物中毒

氰化物是作用最强的呼吸链抑制剂之一,它可与细胞色素 aa_3 结合,使电子不能传递给氧,导致呼吸链中断。由于呼吸链中断,能量释放减少甚至停止,ATP 合成速度减慢甚至停止,心肌细胞因 ATP 供应不足而收缩乏力,不能将足够的血液泵入动脉,致使重要器官如脑、肾和心肌缺血缺氧,严重会发生心力衰竭死亡。

生化学而思

一老年男性,因昏迷半小时就诊。半小时前晨起时其儿子发现患者叫不醒,未见呕吐。患者所住房间内生有煤火炉,睡前一切正常,仅服用常规抗高血压药物,无药物过敏史。医生检查发现患者陷入昏迷,口唇呈樱桃红色,皮肤黏膜无出血点。体温 36.8℃,脉搏 98 次 /min,呼吸 24 次 /min,血压 160/90mmHg。诊断为急性一氧化碳中毒。

请思考:

1. 急性一氧化碳中毒的患者为什么会陷入昏迷?
2. 如何救治?

知识拓展

CO 中毒的家庭救治方法

CO 中毒的家庭救治方法一般为:将中毒的人迅速移至通风处,使其能呼吸新鲜空气,有条件者应给予吸氧治疗,并注意保暖。对于昏迷不醒者立即手掐人中穴,同时呼救并转送有高压氧舱或光量子治疗的医院。对于心跳呼吸微弱或已停止者,应立即进行人工呼吸,胸外按压,同时迅速转院抢救。

三、能量的转移、储存和利用

(一)能量转移

ATP 作为细胞的主要供能物质参与体内的许多代谢反应,还有一些反应需要其他三磷酸核苷作为直接能源,如 UTP 参与糖原合成和糖醛酸代谢,GTP 参与糖异生和蛋白质合成,CTP 参与磷脂合成过程,核酸合成中需要 ATP、CTP、UTP 和 GTP 作原料合成 RNA,或以 dATP、dCTP、dGTP 和 dTTP 作原料合成 DNA。UTP、CTP 和 GTP 的生成途径如下:

$$UDP+ATP \longrightarrow UTP+ADP$$
$$GDP+ATP \longrightarrow GTP+ADP$$
$$GDP+ATP \longrightarrow CTP+ADP$$

dNDP 的生成过程也需要 ATP 供能:

$$dNDP+ATP \longrightarrow dNTP+ADP$$

(二)能量储存和利用

ATP 是细胞内主要的磷酸载体或能量传递体,人体储存能量的方式不是 ATP 而是磷酸肌酸。肌酸主要存在于肌肉组织中,骨骼肌中含量多于平滑肌,脑组织中含量也较多,肝、肾等其他组织中含量很少。磷酸肌酸的生成反应如下:

$$\text{肌酸} + \text{ATP} \xrightarrow[\text{肌酸激酶}]{} \text{磷酸肌酸} + \text{ADP}$$

肌肉中磷酸肌酸的浓度为 ATP 浓度的 5 倍,可储存肌肉几分钟收缩所急需的化学能,可见肌酸的分布与组织耗能有密切关系(图 5-6)。

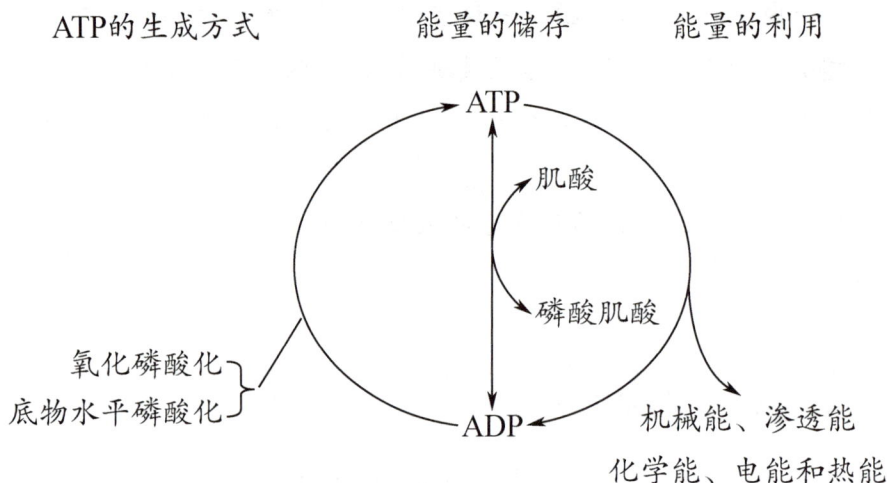

图 5-6　ATP 的生成、储存和利用

第四节　生物氧化中 CO_2 的生成

人体 CO_2 的产生是有机酸脱羧反应生成的。按照羧基所连接的位置不同,可将有机酸的脱羧作用分为 α- 脱羧和 β- 脱羧;按照脱羧时是否伴有氧化作用,可将有机酸的脱羧作用分为单纯脱羧和氧化脱羧。

一、单　纯　脱　羧

1. α- 单纯脱羧　脱去 α 碳原子上的羧基,如 α- 氨基酸的脱羧作用。
2. β- 单纯脱羧　脱去 β 碳原子上的羧基,如草酰乙酸的脱羧作用。

二、氧　化　脱　羧

1. α- 氧化脱羧　α 碳原子上的羧基脱落的同时伴有氧化反应,如丙酮酸的脱氢与脱羧作用。
2. β- 氧化脱羧　β 碳原子上的羧基脱落的同时伴有氧化反应,如苹果酸的脱氢与脱羧作用(表 5-4)。

表 5-4　有机酸的脱羧方式

脱羧方式	举例
α- 单纯脱羧	$\overset{\displaystyle NH_2}{\underset{\displaystyle \alpha}{R-CH-COOH}}$ $\xrightarrow{\text{氨基酸脱羧酶}}$ $R-CH_2-NH_2+CO_2$ 氨基酸 　　　　　　　　　　　　　　　胺
β- 单纯脱羧	$\overset{\displaystyle \beta \quad O}{HOOC-CH_2\overset{\parallel}{C}-COOH}$ $\xleftarrow{\text{草酰乙酸脱羧酶}}$ $CH_3-\overset{O}{\overset{\parallel}{C}}-COOH+CO_2$ 草酰乙酸 　　　　　　　　　　　　　丙酮酸
α- 氧化脱羧	$CH_3-\underset{\alpha}{\overset{O}{\overset{\parallel}{C}}}-COOH+HSCoA$ $\xrightarrow[\displaystyle NAD^+ \quad NADH+H^+]{\text{丙酮酸脱氢酶复合体}}$ $CH_3\overset{O}{\overset{\parallel}{C}}\sim SCoA+CO_2$ 丙酮酸 　　　　　　　　　　　　　　乙酰辅酶A
β- 氧化脱羧	$\overset{\displaystyle \beta \quad OH}{HOOCCH_2CHCOOH}$ $\xrightarrow[\displaystyle NADP^+ \quad NADPH+H^+]{\text{苹果酸酶}}$ $CH_3-\overset{O}{\overset{\parallel}{C}}-COOH+CO_2$ 苹果酸 　　　　　　　　　　　　　丙酮酸

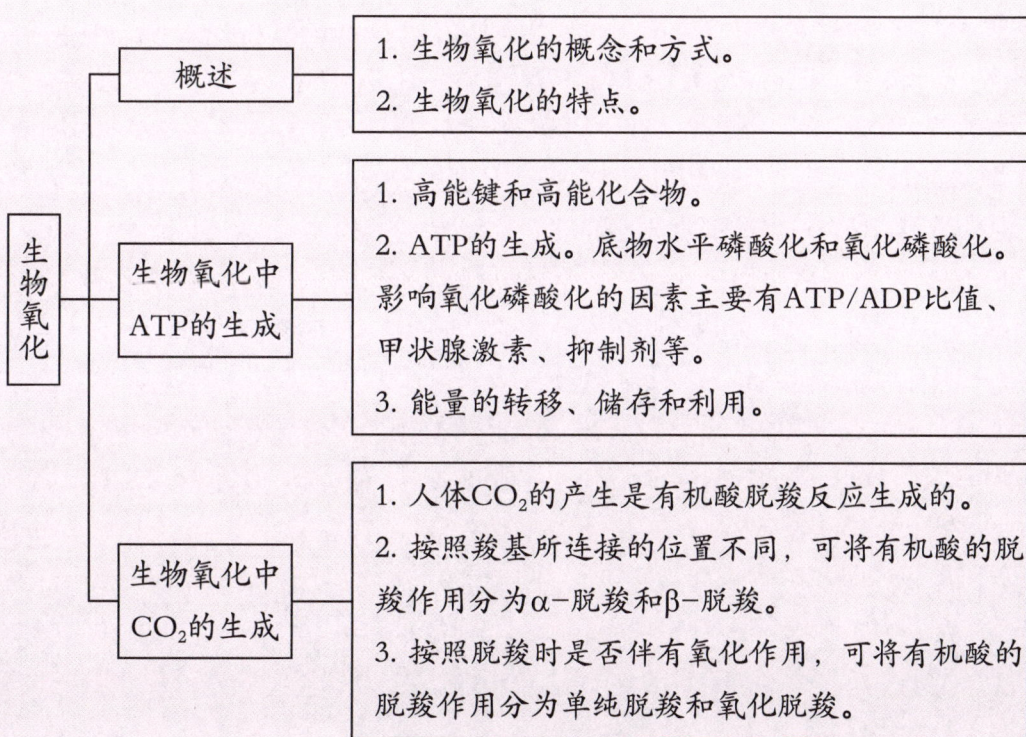

章末小结

生物氧化

- 概述
  1. 生物氧化的概念和方式。
  2. 生物氧化的特点。

- 生物氧化中 ATP 的生成
  1. 高能键和高能化合物。
  2. ATP的生成。底物水平磷酸化和氧化磷酸化。影响氧化磷酸化的因素主要有ATP/ADP比值、甲状腺激素、抑制剂等。
  3. 能量的转移、储存和利用。

- 生物氧化中 CO_2 的生成
  1. 人体CO_2的产生是有机酸脱羧反应生成的。
  2. 按照羧基所连接的位置不同，可将有机酸的脱羧作用分为α-脱羧和β-脱羧。
  3. 按照脱羧时是否伴有氧化作用，可将有机酸的脱羧作用分为单纯脱羧和氧化脱羧。

（孙江山）

思考与练习

1. 线粒体内两条呼吸链由哪些成分组成？它们在呼吸链中的作用是什么？
2. 试述体内能量的生成、储存和利用。
3. 试述影响氧化磷酸化的因素。
4. ATP 的生成方式有哪几种？

第六章 | 糖 代 谢

06章

06章 数字内容

1. 具有科学的思维方法、严谨的学习态度和互帮互助的良好品德。
2. 掌握糖无氧氧化和有氧氧化的概念、生理意义及其关键酶;血糖的来源、去路和调节。
3. 熟悉糖的分类和生理功能;糖原代谢、糖异生作用以及磷酸戊糖途径的生理意义。
4. 了解糖分解代谢、糖原代谢、糖异生途径的主要过程。
5. 学会分析糖代谢异常引起的有关生理变化。

工作情景与任务

导入情景:

1. 2020年12月《中国居民营养与慢性病状况报告(2020)》发布,其中18岁及以上居民糖尿病的发病率为11.9%,与2015年发布结果(9.7%)相比有所上升。

2. 1935年秋,红军长征经过川西北的草地,草地纵500余里、宽300余里,多为泥质沼泽,远远望去似一片灰色海洋,行军十分艰难;而更艰难的是干粮不足,只能寻找能吃的野菜和草根充饥,战士们经过8昼夜的奋战才走出草地。

工作任务:

1. 分析糖尿病发病率升高的原因。
2. 分析吃野菜和草根,经过8昼夜的行军,战士们体内血糖的变化。

糖广泛存在于动植物体内,由碳、氢、氧三种元素构成。食物中的糖主要是淀粉,其次有蔗糖、乳糖、葡萄糖、果糖等。人体内的糖主要是葡萄糖和糖原。葡萄糖是糖在体内的运输和利用形式，糖原是葡萄糖的多聚体，是糖的储存形式。

第一节 概 述

一、糖的分类和生理功能

（一）糖的分类

糖的形式众多，按照分子结构可分为单糖、双糖和多糖三大类（表6-1）。

表6-1 糖的分类

分类	组成	举例
单糖	分子结构中含有3~6个碳原子的糖	五碳糖（核糖、脱氧核糖） 六碳糖（葡萄糖、果糖、半乳糖）
双糖	由两个单糖组成	蔗糖（葡萄糖+果糖） 乳糖（葡萄糖+半乳糖） 麦芽糖（葡萄糖+葡萄糖）
多糖	由10个及以上单糖组成	淀粉（葡萄糖）n 糖原（葡萄糖）n

（二）糖的生理功能

1. 氧化供能 糖的主要生理功能是为机体提供能量。1g葡萄糖在体内完全氧化成 CO_2 和 H_2O，可释放 16.7kJ 的能量。人体每天所需的能量 55%~65% 是由糖氧化供给的。

2. 构成组织细胞的成分 糖可与脂类、蛋白质结合形成糖脂、糖蛋白或蛋白聚糖等。这些物质是构成细胞膜、结缔组织、神经组织等的主要成分；核糖、脱氧核糖则分别是RNA 和 DNA 的组成成分。

3. 参与形成许多重要物质 糖参与免疫球蛋白、血型物质、某些激素及部分凝血因子的组成。ATP、NAD^+、$NADP^+$、FAD 等物质中都含有糖，它们在物质代谢过程中发挥重要作用。

二、糖代谢概况

糖代谢主要是指葡萄糖在体内发生的一系列化学变化。葡萄糖吸收入血后，随血液循环运输到全身各组织，在细胞内进行代谢（图6-1）。

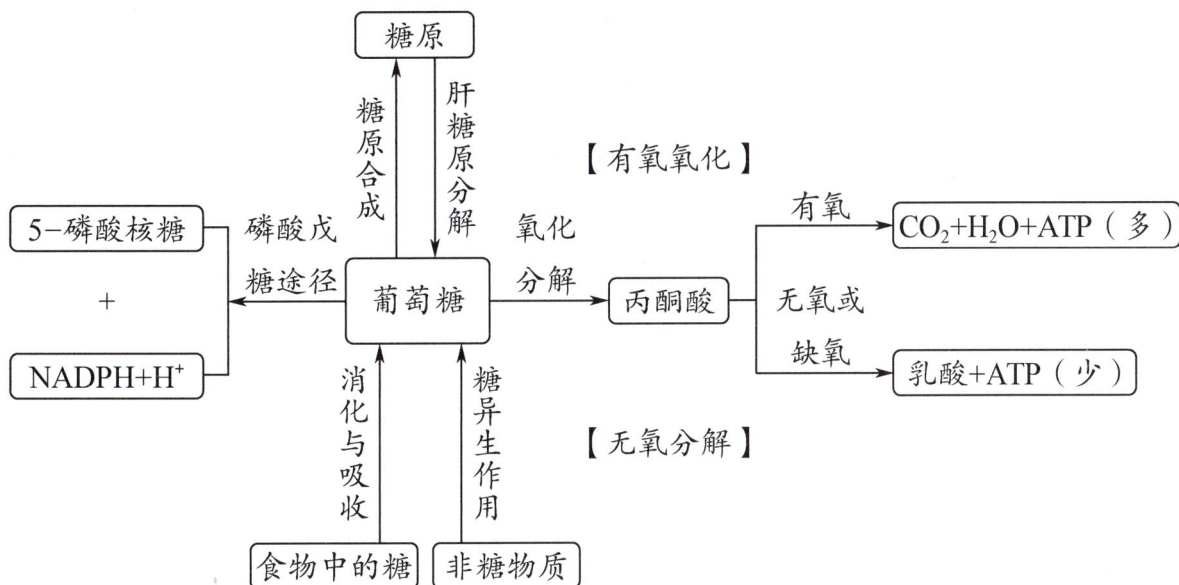

图 6-1　糖代谢概况

糖的消化吸收

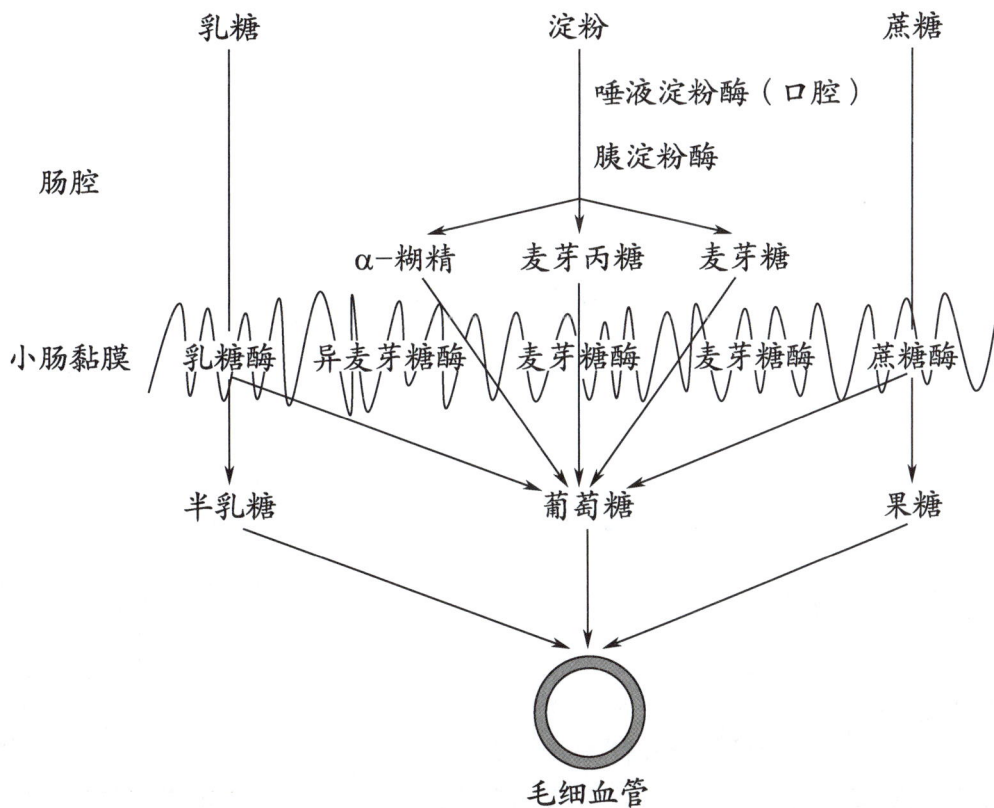

第二节　糖的分解代谢

糖的分解代谢有三种方式:无氧氧化、有氧氧化和磷酸戊糖途径。

一、糖的无氧氧化

葡萄糖或糖原在无氧或缺氧条件下,分解生成乳酸并产生少量 ATP 的过程,称为糖的无氧氧化。这一过程与酵母菌使糖生醇发酵相似,故又称为糖酵解。

(一)糖酵解的反应过程

糖酵解反应过程分为两个阶段:第一阶段是由葡萄糖分解生成丙酮酸的过程,又称为糖酵解途径;第二阶段是由丙酮酸还原生成乳酸的过程(图6-2)。反应在细胞液中进行。

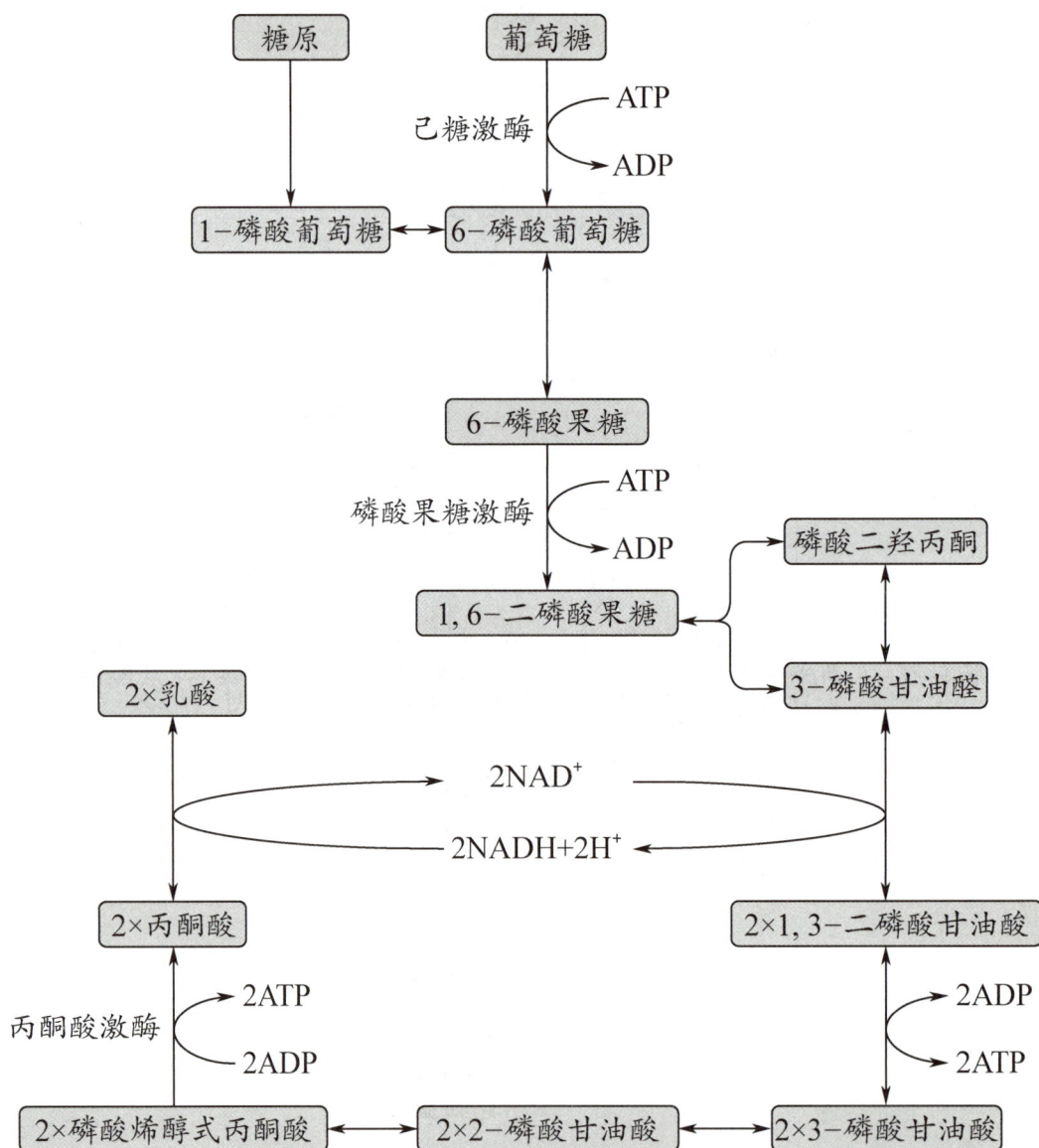

图6-2　糖酵解的反应过程

1. 丙酮酸的生成　1分子葡萄糖经过9步化学反应分解生成2分子丙酮酸。

（1）葡萄糖磷酸化生成6-磷酸葡萄糖：葡萄糖在己糖激酶（在肝细胞内是葡糖激酶）催化下，由ATP提供磷酸和能量，生成6-磷酸葡萄糖。

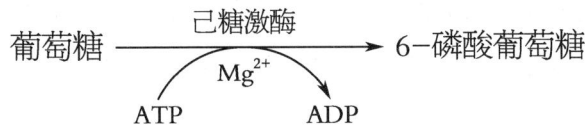

$$葡萄糖 \xrightarrow[\substack{Mg^{2+} \\ ATP \quad\quad ADP}]{己糖激酶} 6-磷酸葡萄糖$$

此反应不可逆，消耗ATP。己糖激酶是关键酶。

糖原进行糖酵解时，非还原端的葡萄糖基在磷酸化酶催化下，生成1-磷酸葡萄糖，再经磷酸葡萄糖变位酶催化生成6-磷酸葡萄糖，不消耗ATP。

（2）6-磷酸葡萄糖异构为6-磷酸果糖

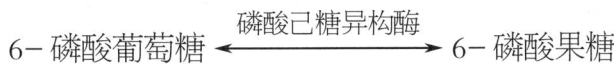

$$6-磷酸葡萄糖 \xleftrightarrow{磷酸己糖异构酶} 6-磷酸果糖$$

（3）6-磷酸果糖磷酸化生成1,6-二磷酸果糖：此反应不可逆，消耗ATP。磷酸果糖激酶是关键酶。

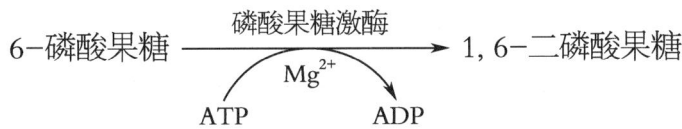

$$6-磷酸果糖 \xrightarrow[\substack{Mg^{2+} \\ ATP \quad\quad ADP}]{磷酸果糖激酶} 1,6-二磷酸果糖$$

（4）1,6-二磷酸果糖裂解生成2分子的磷酸丙糖：含6碳的1,6-二磷酸果糖经醛缩酶催化裂解生成1分子磷酸二羟丙酮和1分子3-磷酸甘油醛。二者为同分异构体，在磷酸丙糖异构酶的催化下可以互相转变。

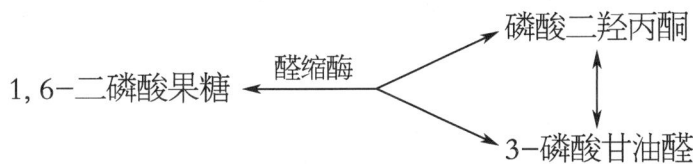

$$1,6-二磷酸果糖 \xleftrightarrow{醛缩酶} \begin{array}{c} 磷酸二羟丙酮 \\ \updownarrow \\ 3-磷酸甘油醛 \end{array}$$

（5）3-磷酸甘油醛氧化生成1,3-二磷酸甘油酸：这是糖酵解中唯一的氧化反应。反应脱下的氢由辅酶NAD^+接受生成$NADH+H^+$。

$$3-磷酸甘油醛 \xleftrightarrow[\substack{Pi+NAD^+ \quad\quad NADH+H^+}]{3-磷酸甘油醛脱氢酶} 1,3-二磷酸甘油酸$$

（6）1,3-二磷酸甘油酸转变为3-磷酸甘油酸：1,3-二磷酸甘油酸为高能化合物，在酶的催化下，进行底物水平磷酸化。即把底物分子中的高能磷酸键转移给ADP而生成ATP的方式。

$$1,3-二磷酸甘油酸 \xrightarrow[\substack{ADP \quad\quad ATP}]{磷酸甘油酸激酶} 3-磷酸甘油酸$$

（7）3－磷酸甘油酸转变为2－磷酸甘油酸

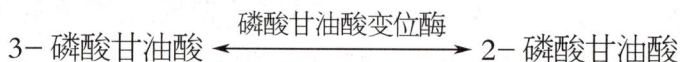

$$3-磷酸甘油酸 \underset{磷酸甘油酸变位酶}{\xleftrightarrow{\hspace{3cm}}} 2-磷酸甘油酸$$

（8）2－磷酸甘油酸脱水生成磷酸烯醇式丙酮酸：2－磷酸甘油酸经烯醇化酶催化进行脱水的同时，分子内部的能量重新分配，生成含有高能磷酸键的磷酸烯醇式丙酮酸。

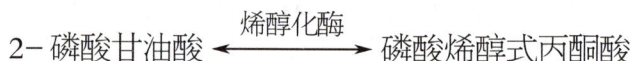

$$2-磷酸甘油酸 \underset{烯醇化酶}{\xleftrightarrow{\hspace{3cm}}} 磷酸烯醇式丙酮酸$$

（9）丙酮酸的生成：这是糖酵解途径中的第二次底物水平磷酸化。反应不可逆，丙酮酸激酶是关键酶。

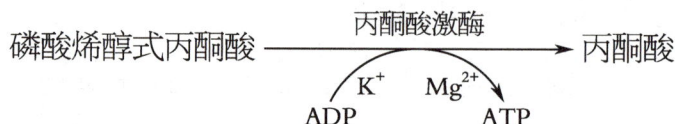

磷酸烯醇式丙酮酸 → 丙酮酸
丙酮酸激酶
K^+ Mg^{2+}
ADP ATP

2. 乳酸的生成　机体缺氧时，在乳酸脱氢酶催化下，由3－磷酸甘油醛脱氢反应生成的NADH+H^+作为供氢体，将丙酮酸还原生成乳酸。

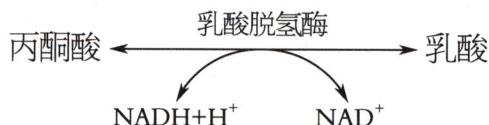

丙酮酸 ⇌ 乳酸
乳酸脱氢酶
NADH+H^+ NAD^+

（二）糖酵解的反应要点

1. 没有氧参加但有氧化反应　糖酵解唯一的氧化反应是3－磷酸甘油醛脱氢生成1，3－二磷酸甘油酸，脱下的氢由辅酶NAD^+接受生成NADH+H^+，最后将2H转移给丙酮酸使之还原为乳酸。

2. 生成的ATP数　1分子葡萄糖经糖酵解净生成2分子ATP（表6-2）；如果是从糖原上分解下来的葡萄糖基，则净生成3分子ATP。

3. 有三种关键酶　在糖酵解全过程中，有三步不可逆反应，分别由己糖激酶（肝内是葡萄糖激酶）、磷酸果糖激酶和丙酮酸激酶催化，它们是糖酵解的关键酶，调节这三个酶的活性可以影响糖酵解的速度。

表6-2　糖酵解过程中ATP的生成

反应	ATP生成数
葡萄糖→6－磷酸葡萄糖	−1
6－磷酸果糖→1，6－二磷酸果糖	−1
2×1，3－二磷酸甘油酸→2×3－磷酸甘油酸	2
2×磷酸烯醇式丙酮酸→2×丙酮酸	2

（三）糖酵解的生理意义

1. **机体在缺氧条件下迅速获得能量的有效方式**　骨骼肌 ATP 含量甚微,仅为 5 ～ 7μmol/g 新鲜组织,肌肉收缩几秒钟就会全部耗尽。此时即使不缺氧,葡萄糖进行有氧氧化的过程比糖酵解长,不能及时满足生理需要,而通过糖酵解则可迅速获得 ATP。剧烈运动时,骨骼肌处于相对缺氧状态,主要通过糖酵解供能。另外,某些病理情况(如严重贫血、大量失血、呼吸或循环功能障碍等)可因机体缺氧而糖酵解加强。若长时间缺氧糖酵解过度,可导致乳酸堆积而发生乳酸酸中毒。

2. **供氧充足时少数组织细胞的能量来源**　成熟红细胞没有线粒体,不能进行有氧氧化,完全依靠糖酵解供能。肿瘤细胞、白细胞、神经组织、骨髓等代谢极为活跃,即使在供氧充足的情况下,也常由糖酵解提供部分能量。

二、糖的有氧氧化

葡萄糖或糖原在有氧条件下,彻底氧化分解生成 CO_2 和 H_2O 并产生大量 ATP 的过程,称为糖的有氧氧化。

（一）有氧氧化的反应过程

有氧氧化反应过程分三个阶段:丙酮酸的生成、乙酰 CoA 的生成、三羧酸循环(图6-3)。

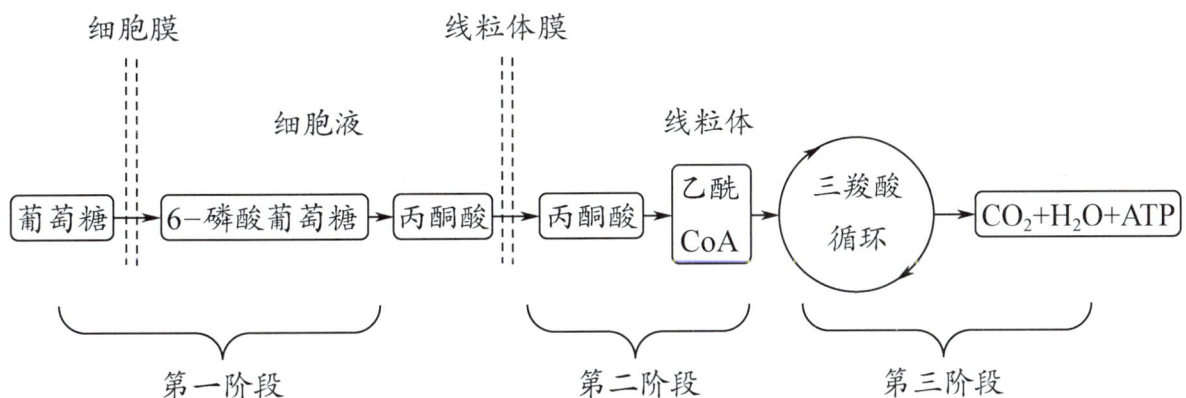

图 6-3　葡萄糖有氧氧化概况

1. **丙酮酸的生成**　与糖酵解第一阶段相同。不同之处是反应中生成的 $NADH+H^+$ 不参与丙酮酸还原为乳酸的反应,有氧条件下进入线粒体,经呼吸链氧化生成水并释放出能量。

2. **乙酰 CoA 的生成**　丙酮酸从细胞液进入线粒体,在丙酮酸脱氢酶系的催化下,进行脱氢(氧化)和脱羧(脱去 CO_2)反应,并与辅酶 A(HSCoA)结合生成乙酰 CoA。整个反应是不可逆的。

$$丙酮酸 + HSCoA \xrightarrow[\text{NAD}^+ \quad \text{NADH+H}^+]{\text{丙酮酸脱氢酶系}} 乙酰CoA + CO_2$$

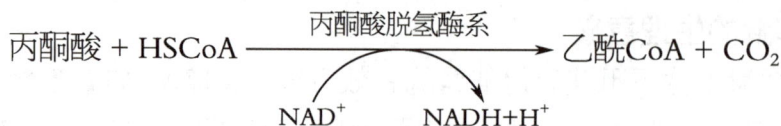

3. 三羧酸循环 乙酰 CoA 的彻底氧化是通过一个循环过程完成的,因为这个循环的第一个产物是含有三个羧基的柠檬酸,故称三羧酸循环或柠檬酸循环。由于最早由英国生物化学家 H.A.Krebs 提出,也称 Krebs 循环,共八步反应(图6-4)。

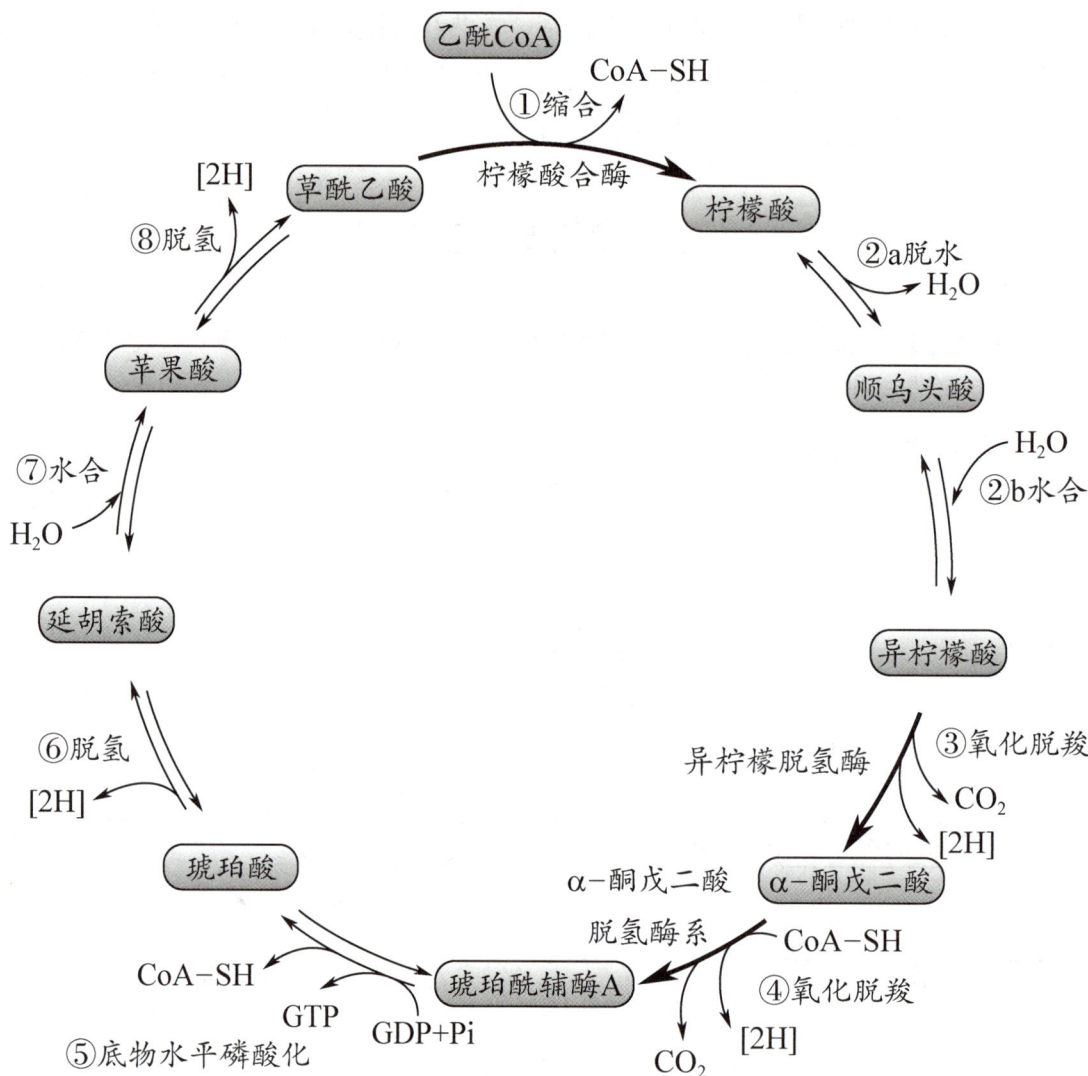

图 6-4 三羧酸循环

(1)柠檬酸的生成:反应不可逆,柠檬酸合酶是关键酶。

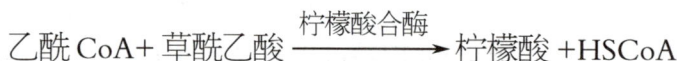

$$乙酰 CoA+ 草酰乙酸 \xrightarrow{\text{柠檬酸合酶}} 柠檬酸 +HSCoA$$

(2)柠檬酸异构生成异柠檬酸:在顺乌头酸酶的催化下,柠檬酸先脱水生成顺乌头酸,再加水异构成异柠檬酸。

$$柠檬酸 \xleftrightarrow{-H_2O} 顺乌头酸 \xleftrightarrow{+H_2O} 异柠檬酸$$

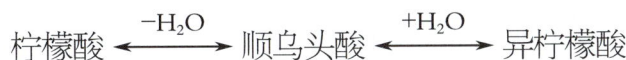

（3）异柠檬酸氧化脱羧生成 α- 酮戊二酸：反应不可逆，异柠檬酸脱氢酶是关键酶。

$$异柠檬酸 \xrightarrow[NAD^+ \quad NADH+H^+]{异柠檬酸脱氢酶} \alpha-酮戊二酸 + CO_2$$

（4）α- 酮戊二酸氧化脱羧生成琥珀酰 CoA：反应不可逆，α- 酮戊二酸脱氢酶系是关键酶。

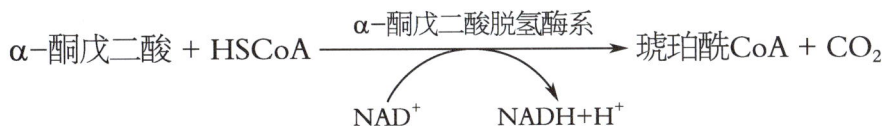

$$\alpha-酮戊二酸 + HSCoA \xrightarrow[NAD^+ \quad NADH+H^+]{\alpha-酮戊二酸脱氢酶系} 琥珀酰CoA + CO_2$$

（5）琥珀酰 CoA 转变为琥珀酸：琥珀酰 CoA 为高能化合物，在琥珀酸硫激酶催化下，将高能键转移给 GDP 生成 GTP，自身转变成琥珀酸，这是三羧酸循环中唯一的底物水平磷酸化。GTP 又可将能量转移给 ADP 生成 ATP。

$$琥珀酰CoA \xleftrightarrow[GDP+Pi \quad GTP]{琥珀酸硫激酶} 琥珀酸 + HSCoA$$

（6）琥珀酸脱氢生成延胡索酸：FAD 是琥珀酸脱氢酶的辅酶，接受琥珀酸脱下的 2H 生成 $FADH_2$。

$$琥珀酸 \xleftrightarrow[FAD \quad FADH_2]{琥珀酸脱氢酶} 延胡索酸$$

（7）延胡索酸加水生成苹果酸：在延胡索酸酶催化下，延胡索酸加水生成苹果酸。

$$延胡索酸 +H_2O \xleftrightarrow{延胡索酸酶} 苹果酸$$

（8）苹果酸脱氢生成草酰乙酸：在苹果酸脱氢酶作用下，苹果酸脱氢生成草酰乙酸完成一次循环。NAD^+ 是苹果酸脱氢酶的辅酶，接受氢生成 $NADH+H^+$。

$$苹果酸 \xleftrightarrow[NAD^+ \quad NADH+H^+]{苹果酸脱氢酶} 草酰乙酸$$

（二）三羧酸循环的要点

1. 是乙酰 CoA 彻底氧化的过程　共发生了 1 次底物水平磷酸化、2 次脱羧反应、4 次脱氢反应（生成 3 分子 $NADH+H^+$、1 分子 $FADH_2$）。

2. 生成的 ATP 数　1 分子乙酰 CoA 经三羧酸循环彻底氧化共生成 10 分子 ATP。每分子 $NADH+H^+$ 经呼吸链氧化产生 2.5 分子 ATP，每分子 $FADH_2$ 经呼吸链氧化产生 1.5

分子 ATP；1 次底物水平磷酸化，生成 1 分子 ATP。

3. 有三种关键酶　柠檬酸合酶、异柠檬酸脱氢酶、α- 酮戊二酸脱氢酶系，分别催化三次不可逆反应。

（三）糖有氧氧化的生理意义

1. 有氧氧化是机体供能的主要方式　1 分子葡萄糖经有氧氧化生成 CO_2 和 H_2O，净生成 30 或 32 分子 ATP（表 6-3）。

2. 三羧酸循环是体内糖、脂肪、蛋白质彻底氧化的共同途径　糖、脂肪、蛋白质分解代谢后均可生成乙酰 CoA，再进入三羧酸循环彻底氧化，生成 CO_2、H_2O 及产生 ATP。

3. 三羧酸循环是糖、脂肪、蛋白质代谢联系的枢纽。

表 6-3　有氧氧化过程中 ATP 的生成

反应阶段	反应	辅酶	ATP 生成数
第一阶段	葡萄糖→6- 磷酸葡萄糖		−1
	6- 磷酸果糖→1, 6- 二磷酸果糖		−1
	2×3- 磷酸甘油醛→2×1, 3- 二磷酸甘油酸	$2(NADH+H^+)$	3 或 5*
	2×1, 3- 二磷酸甘油酸→2×3- 磷酸甘油酸		2☆
	2× 磷酸烯醇式丙酮酸→2× 丙酮酸		2☆
第二阶段	2× 丙酮酸→2× 乙酰 CoA	$2(NADH+H^+)$	5
第三阶段	2× 异柠檬酸→2×α- 酮戊二酸	$2(NADH+H^+)$	5
	2×α- 酮戊二酸→2× 琥珀酰 CoA	$2(NADH+H^+)$	5
	2× 琥珀酰 CoA →2× 琥珀酸		2☆
	2× 琥珀酸→2× 延胡索酸	$2FADH_2$	3
	2× 苹果酸→2× 草酰乙酸	$2(NADH+H^+)$	5
共计			30 或 32

注：*细胞液中 $NADH+H^+$ 进入线粒体的方式不同，故产生 ATP 数不同。☆底物水平磷酸化产生的 ATP 数。

生化学而思

有氧氧化和糖酵解是葡萄糖在机体内氧化产能的两条途径，1 分子葡萄糖经过有氧氧化能产生 30 或 32 分子的 ATP，而经过糖酵解只能产生 2 分子的 ATP。

请思考：

1. 产生能量不同的原因是什么？

2. 两条途径能否互相替代？

三、磷酸戊糖途径

此途径由 6- 磷酸葡萄糖开始，因在代谢过程中有磷酸戊糖的产生，所以称磷酸戊糖途径。反应主要在肝脏、脂肪组织、哺乳期的乳腺、肾上腺皮质、性腺、骨髓和红细胞等部位的细胞液中进行，无 ATP 的产生和消耗。

（一）磷酸戊糖途径的主要反应及产物

6- 磷酸葡萄糖经 6- 磷酸葡萄糖脱氢酶与 6- 磷酸葡萄糖酸脱氢酶（辅酶均为 $NADP^+$）催化，发生脱氢和脱羧反应，生成 $NADPH+H^+$、CO_2 和 5- 磷酸核酮糖；5- 磷酸核酮糖异构化反应生成中间产物 5- 磷酸核糖（图 6-5）。6- 磷酸葡萄糖脱氢酶是关键酶。

（二）磷酸戊糖途径的生理意义

1. 生成 5- 磷酸核糖　5- 磷酸核糖是体内合成核苷酸和核酸的原料。磷酸戊糖途径是体内获得 5- 磷酸核糖的唯一途径。

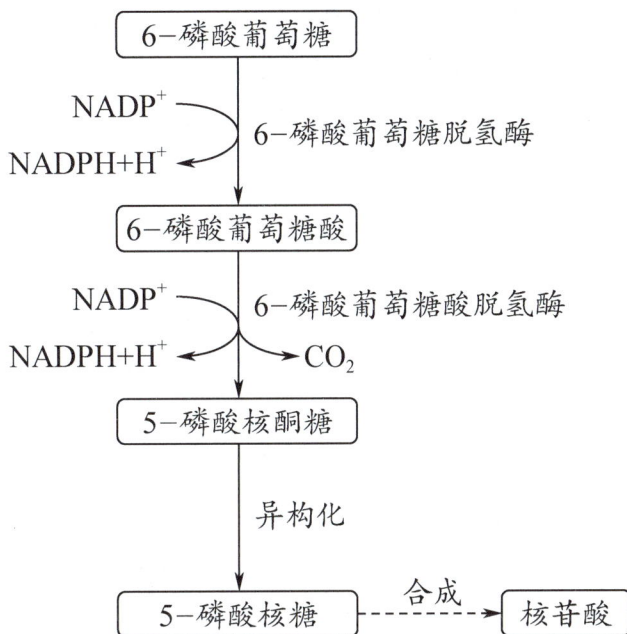

图 6-5　磷酸戊糖途径

2. 提供 $NADPH+H^+$　$NADPH+H^+$ 与 $NADH+H^+$ 不同，它携带的氢不是通过呼吸链氧化磷酸化生成 ATP，而是参与许多代谢反应。

（1）是生物合成的供氢体：为脂肪酸、胆固醇和类固醇激素的生物合成提供氢原子。

（2）是谷胱甘肽还原酶的辅酶：谷胱甘肽还原酶能催化氧化型谷胱甘肽（GSSG）还原成还原型谷胱甘肽（GSH），还原反应由 $NADPH+H^+$ 供氢。还原型谷胱甘肽是体内重要的抗氧化剂，能保护一些含巯基(—SH)的蛋白质和酶类免受氧化剂的破坏。在红细胞中还原型谷胱甘肽可以保护红细胞膜的完整性。

（3）参与生物转化作用：与激素、药物、毒物等的生物转化作用有关。

临床应用

蚕豆病

蚕豆病是遗传性 6- 磷酸葡萄糖脱氢酶缺陷所导致的疾病。该病多见于儿童，男性患者约占 90% 以上。患者体内磷酸戊糖途径不能正常进行，NADPH+H$^+$ 生成减少，谷胱甘肽无法维持在还原状态，无法承担"抗氧化"重责。当患者进食蚕豆后，常诱发急性溶血性贫血，出现发热、头晕、头痛及溶血性黄疸等症状，严重者可发生急性肾损伤甚至导致死亡。我国南方地区发病率较高。

第三节 糖 原 代 谢

糖原是以葡萄糖为基本单位聚合而成的带分支的大分子多糖（图 6-6），是体内糖的储存形式。体内糖原主要储存在肝脏和肌肉中，肝糖原占肝重的 6%～8%，70～100g；肌糖原占肌肉的 1%～2%，250～400g。

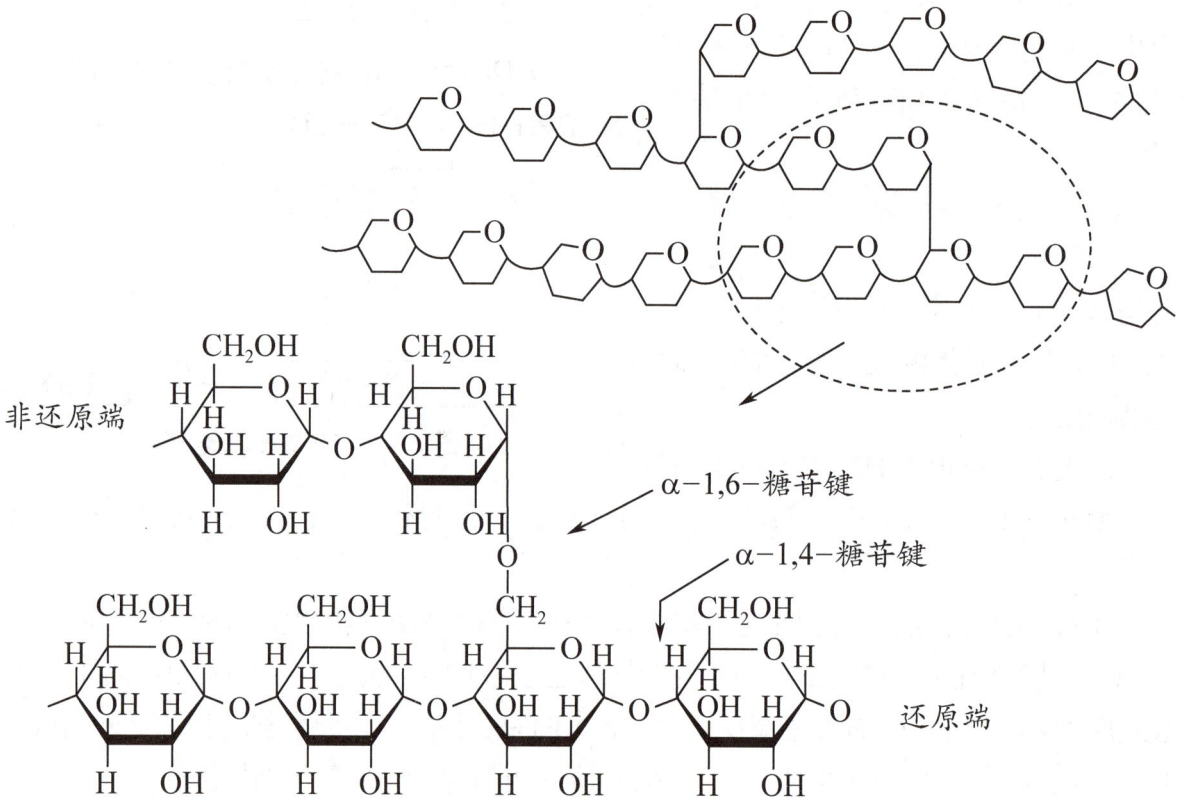

图 6-6 糖原的结构

一、糖原的合成

由葡萄糖合成糖原的过程，称为糖原合成。反应主要在肝脏、肌肉的细胞液中进行，消耗能量。

（一）糖原合成的反应过程

1. 葡萄糖磷酸化生成6-磷酸葡萄糖　与糖酵解的第一步反应相同。

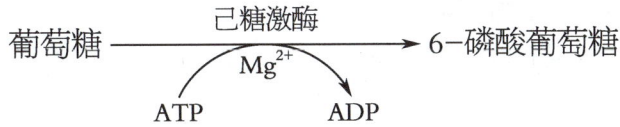

$$葡萄糖 \xrightarrow[\substack{\text{己糖激酶}\\ Mg^{2+}\\ ATP \quad ADP}]{} 6-磷酸葡萄糖$$

2. 6-磷酸葡萄糖转变为1-磷酸葡萄糖

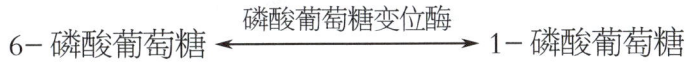

$$6-磷酸葡萄糖 \underset{\text{磷酸葡萄糖变位酶}}{\xleftarrow{\hspace{3cm}}} 1-磷酸葡萄糖$$

3. 1-磷酸葡萄糖生成尿苷二磷酸葡萄糖（UDPG）

$$1-磷酸葡萄糖 + UTP \underset{\text{UDPG焦磷酸化酶}}{\xleftarrow{\hspace{3cm}}} UDPG + PPi$$

4. 合成糖原　UDPG是葡萄糖供体，以原有的小分子糖原作引物，在糖原合酶催化下，UDPG分子中的葡萄糖基转移至引物的糖链末端，以α-1,4-糖苷键相连。糖原合酶是糖原合成的关键酶。

$$糖原引物(G_n) + UDPG \xrightarrow{\text{糖原合酶}} 糖原(G_{n+1}) + UDP$$

上述反应反复进行，使糖原的糖链不断延长。当糖链长度达到12～18个葡萄糖基时，分支酶将6～7个葡萄糖基转移到邻近的糖链上，以α-1,6-糖苷键相连形成分支（图6-7）。

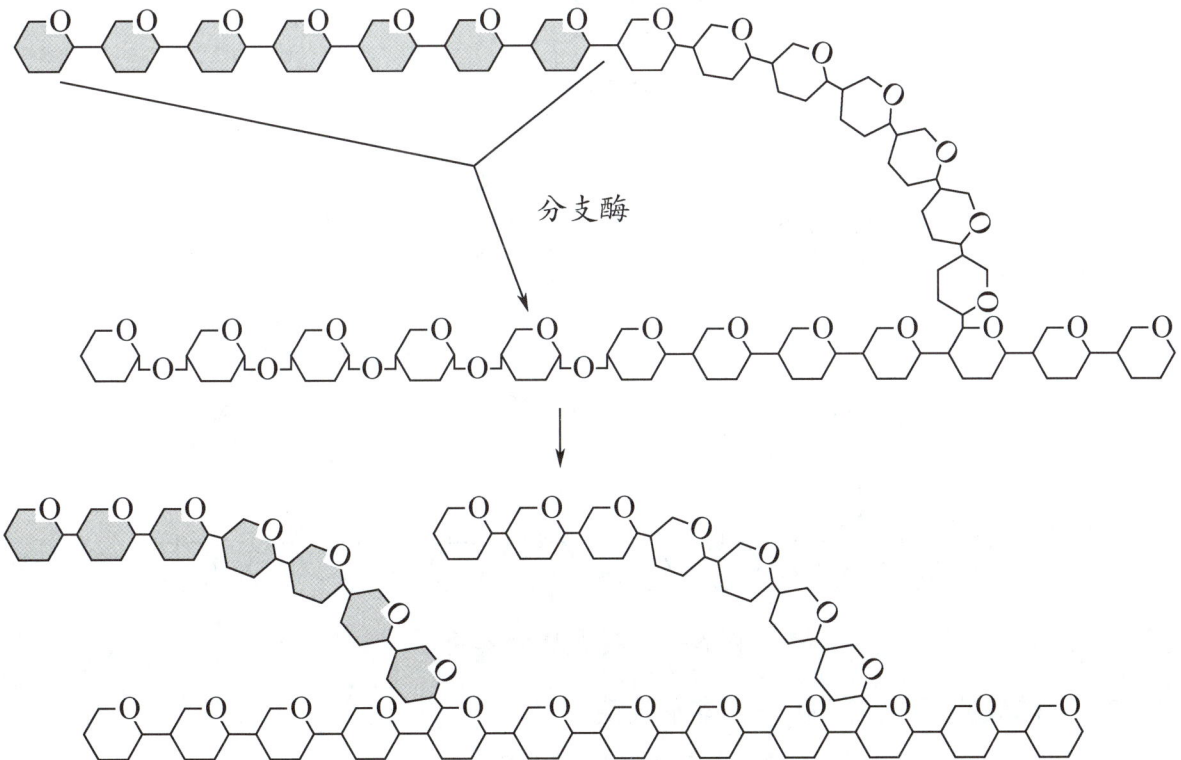

图6-7　分支酶的作用

（二）糖原合成的要点

1. 糖原合成需要小分子糖原作为引物。
2. UDPG 是葡萄糖的直接供体。
3. 糖原每增加一个葡萄糖单位消耗 1 分子 ATP 和 1 分子 UTP。
4. 糖原合酶是关键酶。

二、糖原的分解

由糖原分解为葡萄糖的过程称为糖原分解，习惯上是指肝糖原的分解。肌糖原不能直接分解为葡萄糖。

（一）糖原分解的反应过程

1. 1-磷酸葡萄糖的生成　在磷酸化酶催化下，糖原非还原端的葡萄糖基磷酸化，生成 1-磷酸葡萄糖。磷酸化酶是糖原分解的关键酶，反应不可逆。

$$\text{糖原}(G_n) + Pi \xrightarrow{\text{磷酸化酶}} \text{糖原}(G_{n-1}) + 1-\text{磷酸葡萄糖}$$

磷酸化酶只能分解 α-1,4-糖苷键，当糖链分支仅剩 4 个葡萄糖基时，由脱支酶将 3 个葡萄糖基转移至邻近糖链，剩余的 1 个葡萄糖基再由脱支酶水解 α-1,6-糖苷键，成为游离的葡萄糖（图 6-8）。在磷酸化酶和脱支酶的交替作用下，糖原分支逐渐减少，糖原分子逐渐变小。

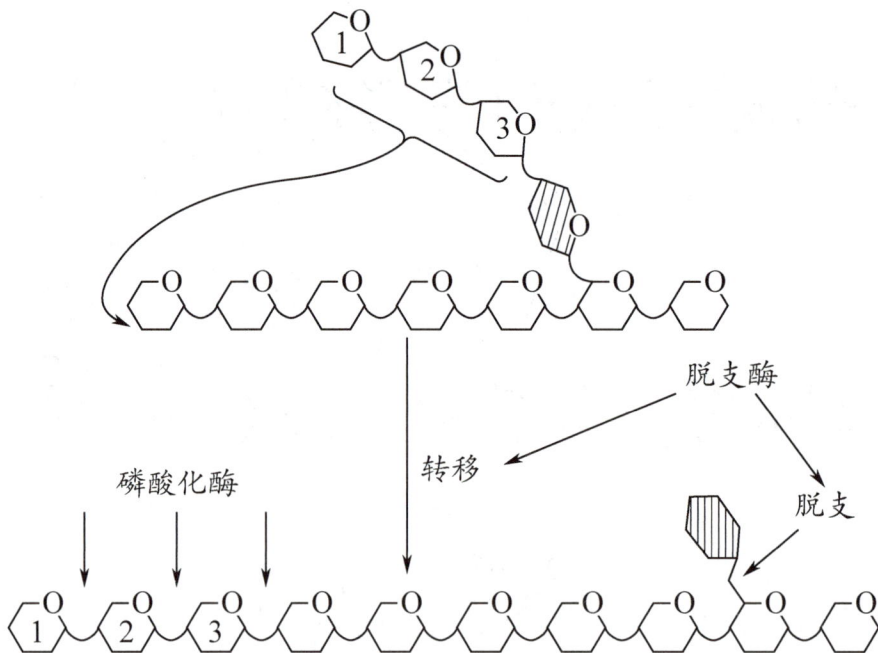

图 6-8　脱支酶的作用

2. 1-磷酸葡萄糖转变为 6-磷酸葡萄糖

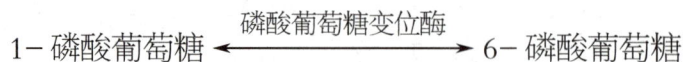

$$1-\text{磷酸葡萄糖} \underset{\text{磷酸葡萄糖变位酶}}{\xleftarrow{\hspace{3cm}}} 6-\text{磷酸葡萄糖}$$

3. 6-磷酸葡萄糖水解为葡萄糖

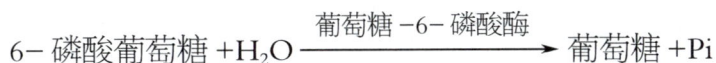

$$6-磷酸葡萄糖 + H_2O \xrightarrow{\text{葡萄糖}-6-磷酸酶} 葡萄糖 + Pi$$

葡萄糖-6-磷酸酶存在于肝和肾中,能水解6-磷酸葡萄糖生成葡萄糖。肌肉中缺乏此酶,故肌糖原分解生成的6-磷酸葡萄糖只能进入糖酵解,因此只有肝糖原能直接分解为葡萄糖补充血糖。

(二)糖原分解的要点

1. 糖原分解不是糖原合成的逆过程。
2. 葡萄糖-6-磷酸酶只存在于肝和肾中。
3. 磷酸化酶是糖原分解的关键酶。

糖原合成与分解过程归纳于图6-9。

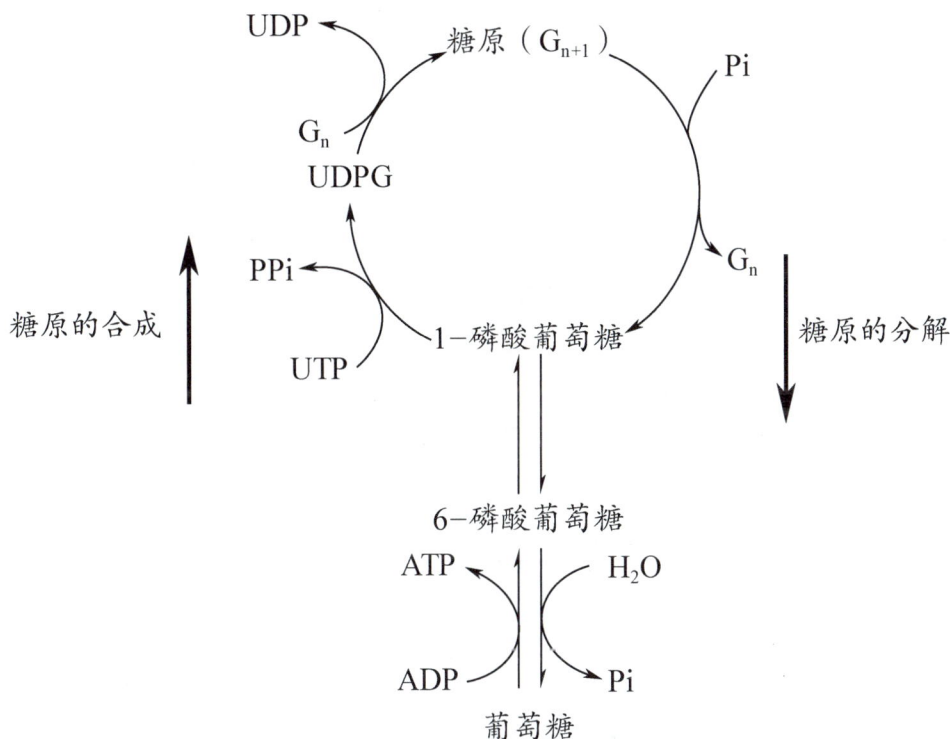

图6-9 糖原的合成与分解

三、糖原合成与分解的生理意义

糖原合成是机体储存葡萄糖的方式,也是储存能量的形式。进食后一部分糖合成糖原储存,能防止血糖水平过高;饥饿时肝糖原分解为葡萄糖,能防止血糖水平过低,保证主要依赖葡萄糖供能组织的能量供给;通过肝糖原的合成与分解可以维持血糖水平的相对恒定。肌糖原的合成与分解则为肌肉收缩储备和提供能量。

第四节　糖异生作用

一、糖异生作用的概念

由非糖物质转变为葡萄糖或糖原的过程称为糖异生作用。非糖物质主要有乳酸、丙酮酸、生糖氨基酸和甘油等。糖异生作用的主要器官是肝脏,其次是肾(约占肝的1/10),长期饥饿时,肾糖异生作用加强。

二、糖异生途径

由丙酮酸生成葡萄糖的过程,称为糖异生途径。它基本上是糖酵解途径的逆过程,但是糖酵解途径中有三步不可逆反应(称为"能障"),糖异生途径需要通过另外的酶催化,绕过"能障"逆行,才能生成葡萄糖或糖原。

糖酵解途径与糖异生途径比较归纳(图6-10)。

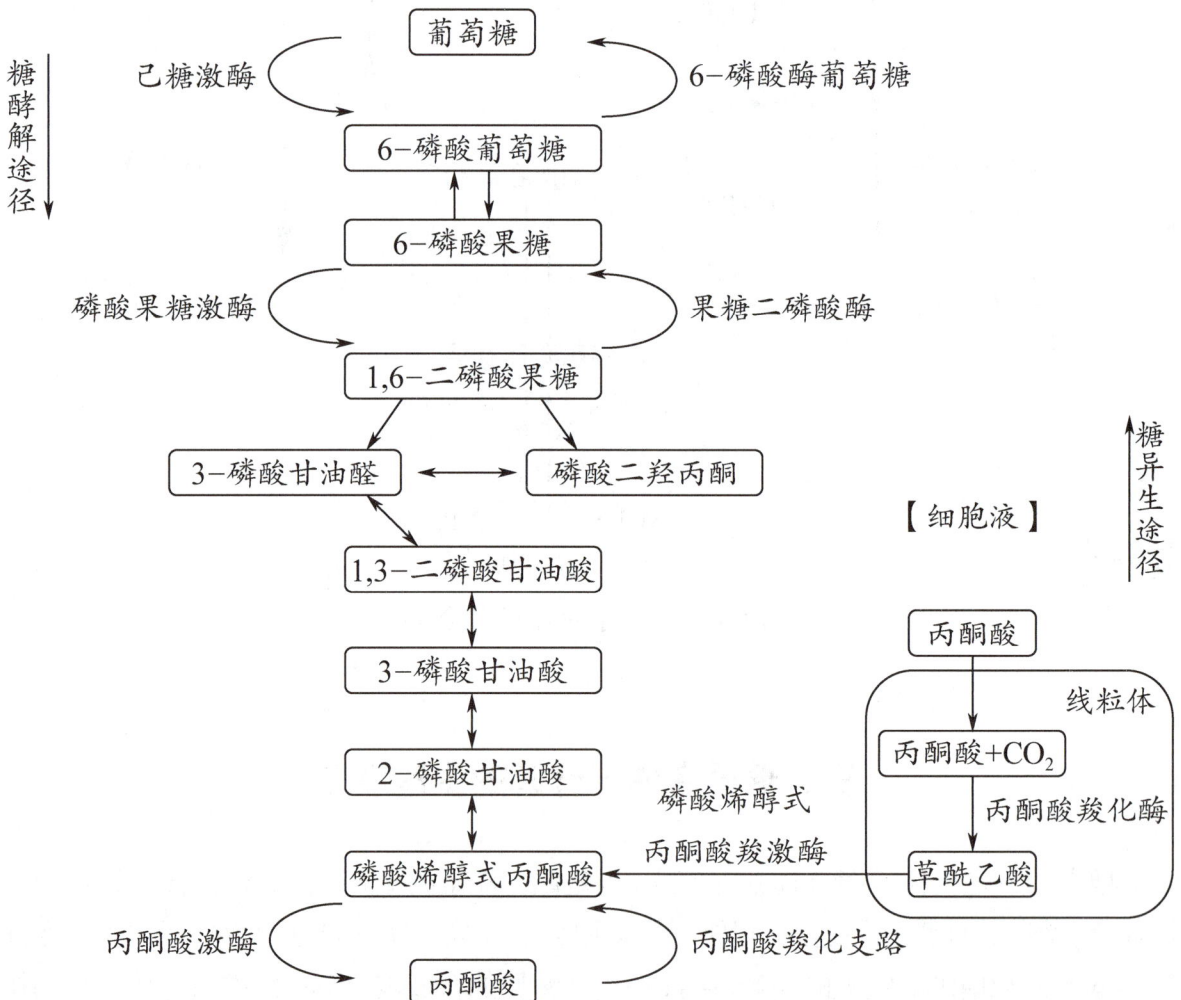

图6-10　糖酵解途径与糖异生途径比较

（一）丙酮酸羧化支路

丙酮酸在丙酮酸羧化酶催化下生成草酰乙酸，草酰乙酸在磷酸烯醇式丙酮酸羧激酶催化下，生成磷酸烯醇式丙酮酸。此过程称为丙酮酸羧化支路。

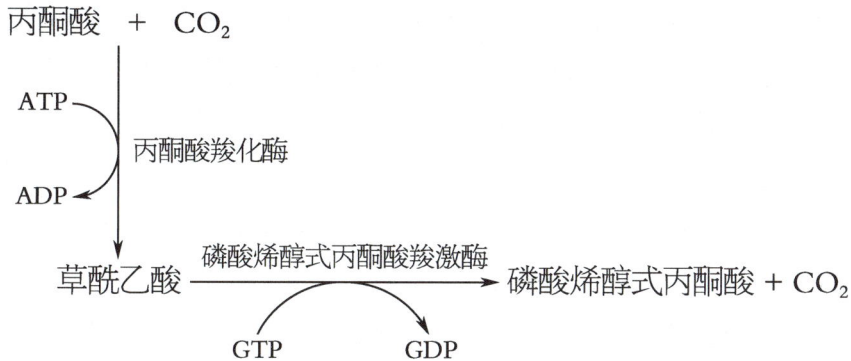

$$丙酮酸 \quad + \quad CO_2$$

ATP
ADP

丙酮酸羧化酶

草酰乙酸 —磷酸烯醇式丙酮酸羧激酶→ 磷酸烯醇式丙酮酸 + CO_2

GTP → GDP

催化第一步反应的酶是丙酮酸羧化酶，由 ATP 供能固定 CO_2 至丙酮酸上生成草酰乙酸。由于丙酮酸羧化酶仅存在于线粒体内，胞液中的丙酮酸必须进入线粒体，才能羧化成草酰乙酸。

参与第二步反应的酶是磷酸烯醇式丙酮酸羧激酶，由 GTP 供能催化草酰乙酸脱羧生成磷酸烯醇式丙酮酸。由于此酶主要存在于胞质中，生成的草酰乙酸还需经过一系列反应转运出线粒体。整个反应过程需要消耗 2 分子 ATP，才能克服此"能障"，属于不可逆反应。

（二）1, 6- 二磷酸果糖转变为 6- 磷酸果糖

反应由果糖二磷酸酶催化，将 1, 6- 二磷酸果糖水解为 6- 磷酸果糖。

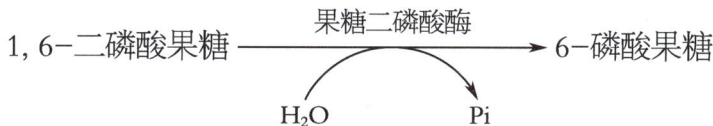

1, 6-二磷酸果糖 —果糖二磷酸酶→ 6-磷酸果糖

H_2O → Pi

（三）6 磷酸葡萄糖水解生成葡萄糖

反应由葡萄糖 6- 磷酸酶催化，与肝糖原分解的第三步反应相同。

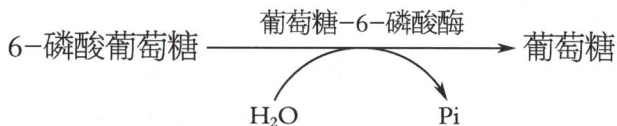

6-磷酸葡萄糖 —葡萄糖-6-磷酸酶→ 葡萄糖

H_2O → Pi

上述过程中，丙酮酸羧化酶、磷酸烯醇式丙酮酸羧激酶、果糖二磷酸酶和葡萄糖 −6- 磷酸酶是糖异生途径的关键酶。其他非糖物质可通过以下途径进行糖异生，如：乳酸可脱氢生成丙酮酸，再循糖异生途径生糖；甘油先磷酸化为 α− 磷酸甘油，再脱氢生成磷酸二羟丙酮，从而进入糖异生途径；生糖氨基酸转变为三羧酸循环的中间产物，再循糖异生途径转变为糖。

三、糖异生作用的生理意义

（一）维持空腹或饥饿时血糖水平的相对恒定

空腹或饥饿时血糖水平下降，首先是肝糖原分解，但肝糖原的储存量有限，仅能维持血糖水平8～12h，此后主要依赖糖异生作用来维持血糖水平的恒定，以保证脑组织和红细胞等的能量供应。另外肝脏也依赖糖异生作用补充糖原储备。

（二）有利于乳酸的利用

机体剧烈运动时，糖酵解作用加强，肌肉内乳酸生成增多，乳酸经血液运至肝，在肝内乳酸经丙酮酸异生为葡萄糖。肝将葡萄糖释放入血，葡萄糖又被肌肉摄取利用。乳酸、葡萄糖在肝和肌肉组织的互变循环，称为乳酸循环（图6-11）。糖异生作用与乳酸循环密切相关，有利于乳酸的再利用，防止乳酸酸中毒。

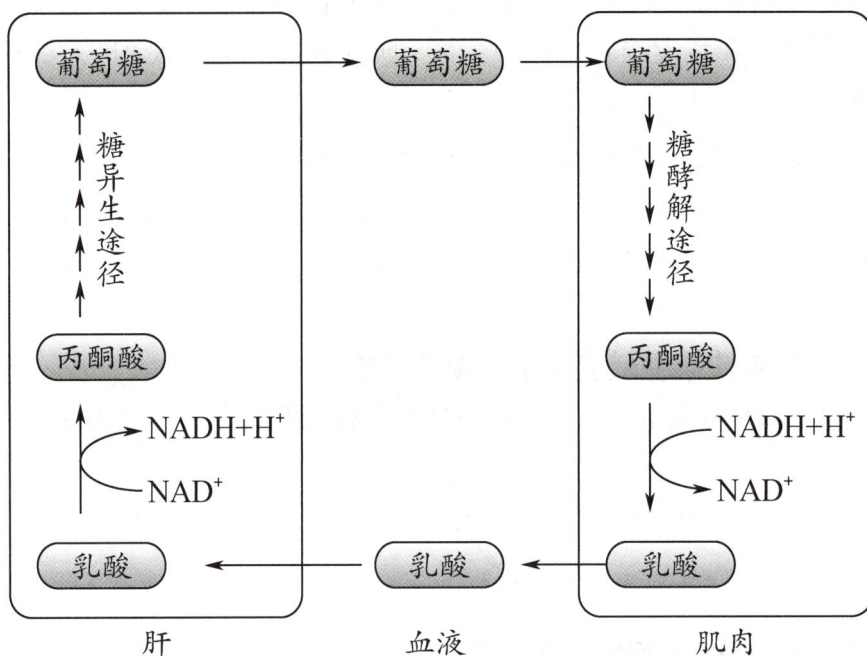

图 6-11　乳酸循环

（三）有利于维持酸碱平衡

在长期饥饿的情况下，肾糖异生加强，使肾中的 α-酮戊二酸因异生成糖而减少，进而促进谷氨酰胺和谷氨酸的脱氨基反应，肾小管细胞将 NH_3 分泌入管腔中，与原尿中 H^+ 结合，降低原尿 H^+ 的浓度，有利于肾排 H^+ 保 Na^+，维持酸碱平衡，对防止酸中毒有重要意义。

第五节　血糖及其调节

血液中的葡萄糖，称为血糖。正常人空腹血糖水平为 3.9～6.1mmol/L。血糖水平的相对恒定是血糖来源与去路平衡的结果（图6-12）。

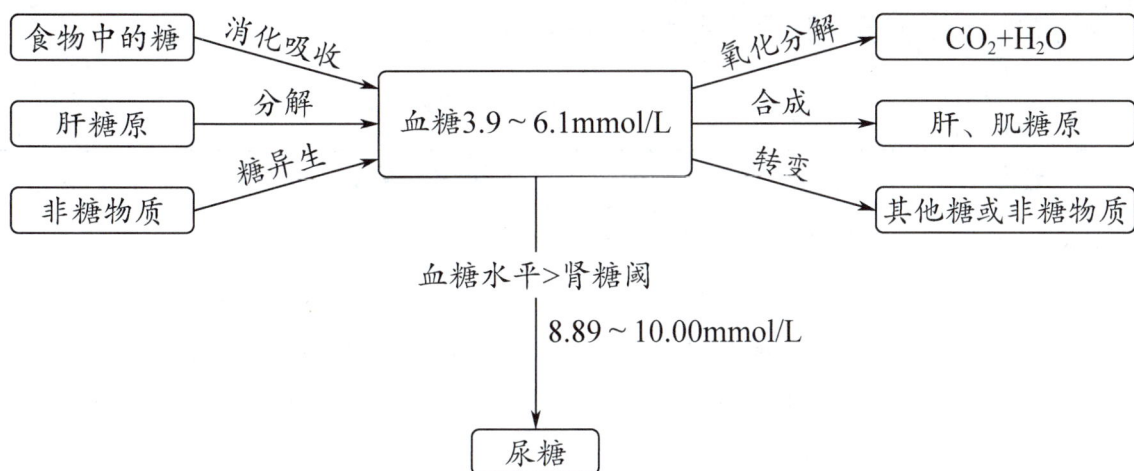

图 6-12　血糖的来源与去路

一、血糖的来源与去路

（一）血糖的来源

1. 食物中消化吸收的葡萄糖，是血糖的主要来源。

2. 肝糖原分解的葡萄糖，是空腹时血糖的来源。

3. 糖异生作用生成的葡萄糖，是饥饿时血糖的来源。

（二）血糖的去路

1. 氧化供能　氧化分解，提供能量，这是血糖的主要去路。

2. 合成糖原　在肝、肌肉等组织中合成糖原，储存葡萄糖。

3. 转变成脂肪等其他物质　如核糖、脱氧核糖、非必需氨基酸等。

4. 尿糖　当血糖水平高于 $8.89 \sim 10.00mmol/L$（肾糖阈）时，超过了肾小管重吸收葡萄糖的能力，糖可随尿排出，这是糖的异常去路。

二、血糖水平的调节

（一）器官的调节作用

肝脏是调节血糖水平的主要器官。当餐后血糖水平升高时，糖原合成加强，调节血糖不致过高；空腹时血糖水平降低，肝糖原分解加强，葡萄糖进入血液补充血糖；饥饿时，肝糖原几乎被耗尽，此时，肝中糖异生作用加强；长期饥饿时，肾的糖异生作用也加强，以维持血糖水平的恒定。

（二）激素的调节作用

调节血糖水平的激素有两大类：降低血糖水平的激素——胰岛素；升高血糖水平的激素——胰高血糖素、肾上腺素、糖皮质激素等。两类激素的作用相互对立、制约和协调,保持着血糖来源与去路的动态平衡(表6-4)。

表6-4 激素对血糖水平的调节机制

激素	生物化学机制
胰岛素	①促进组织细胞摄取葡萄糖 ②促进葡萄糖的氧化分解、促进糖原合成、促进糖转变为脂肪 ③抑制糖原分解、抑制糖异生作用、抑制脂肪动员
胰高血糖素	①促进肝糖原分解、促进糖异生作用、促进脂肪动员 ②抑制糖原合成
糖皮质激素	①促进糖异生作用 ②抑制组织细胞摄取葡萄糖
肾上腺素	①促进糖异生作用 ②促进肝糖原分解

三、常见糖代谢异常

(一)高血糖

空腹或餐后血糖水平高于正常范围时的代谢状态,称为高血糖。高血糖不是一种疾病的诊断,只是血糖监测结果的判定。

高血糖可分为生理性和病理性两种情况。生理性高血糖可因糖的来源增加而引起,如一次静脉输入大量葡萄糖(每小时每千克体重超过 22～28mmol/L)或进食糖类食物过多,引起饮食性高血糖;或因情绪激动导致体内肾上腺素分泌增加,出现情感性高血糖。病理性高血糖多见于糖尿病,临床典型症状为"三多一少",即多食、多饮、多尿、体重减少。

临床应用

糖尿病诊断标准(WHO 2019年)

①糖尿病症状加一个随机血糖≥11.1mmol/L

或

②糖尿病症状加空腹血糖≥7.0mmol/L

或

③糖尿病症状加葡萄糖负荷后 2h≥11.1mmol/L

（二）低血糖

空腹血糖水平低于正常范围时的代谢状态，称为低血糖。当血糖低于2.8mmol/L时，出现低血糖症，临床表现为头晕、恶心、四肢无力、出冷汗、颤抖、心悸、面色苍白等症状，严重时出现低血糖昏迷，危及生命，如及时补充葡萄糖，症状能够缓解。

引起低血糖的原因主要有：长期饥饿、严重肝疾患、胰岛β细胞增生、升高血糖的激素分泌减少、临床治疗时使用胰岛素过量等。

生化学而思

人体在饱食、空腹、饥饿三种状态下，血糖水平会发生增高或降低的波动，但大多数人会通过调节，维持在正常范围内。

请思考：

1. 人体在饱食、空腹、饥饿三种状态下，血糖的主要来源是什么？
2. 人体通过哪些方面的调节，保持血糖在正常范围？

章末小结

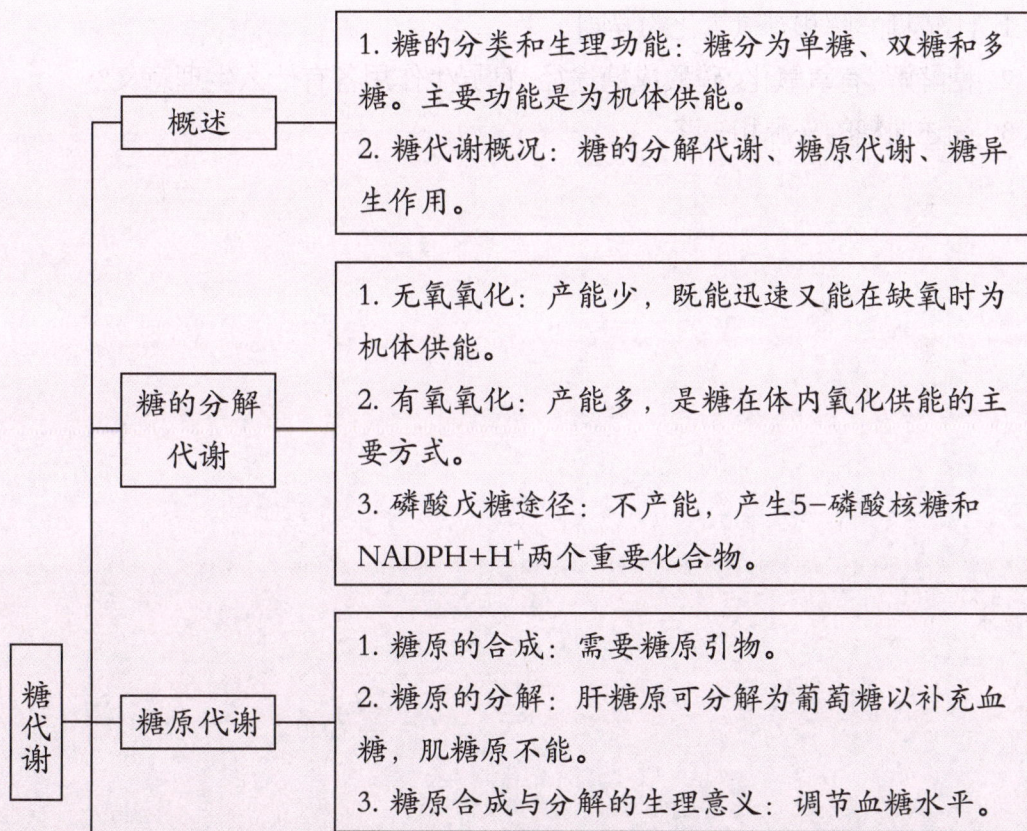

糖代谢

概述
1. 糖的分类和生理功能：糖分为单糖、双糖和多糖。主要功能是为机体供能。
2. 糖代谢概况：糖的分解代谢、糖原代谢、糖异生作用。

糖的分解代谢
1. 无氧氧化：产能少，既能迅速又能在缺氧时为机体供能。
2. 有氧氧化：产能多，是糖在体内氧化供能的主要方式。
3. 磷酸戊糖途径：不产能，产生5-磷酸核糖和NADPH+H⁺两个重要化合物。

糖原代谢
1. 糖原的合成：需要糖原引物。
2. 糖原的分解：肝糖原可分解为葡萄糖以补充血糖，肌糖原不能。
3. 糖原合成与分解的生理意义：调节血糖水平。

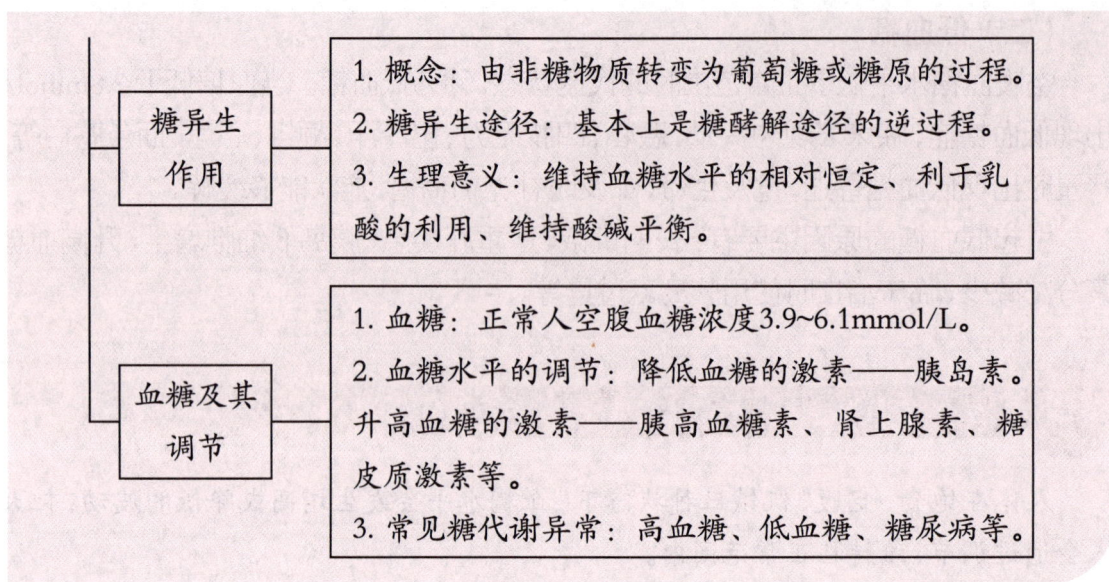

糖异生作用	1. 概念：由非糖物质转变为葡萄糖或糖原的过程。 2. 糖异生途径：基本上是糖酵解途径的逆过程。 3. 生理意义：维持血糖水平的相对恒定、利于乳酸的利用、维持酸碱平衡。
血糖及其调节	1. 血糖：正常人空腹血糖浓度3.9~6.1mmol/L。 2. 血糖水平的调节：降低血糖的激素——胰岛素。升高血糖的激素——胰高血糖素、肾上腺素、糖皮质激素等。 3. 常见糖代谢异常：高血糖、低血糖、糖尿病等。

（王春梅）

❓ 思考与练习

1. 比较糖酵解和有氧氧化的异同。
2. 糖酵解、有氧氧化、磷酸戊糖途径、糖异生作用各有什么生理意义？
3. 简述血糖的来源和去路。

第七章 | 脂类代谢

07章 数字内容

工作情景与任务

导入情景：

1. 1950 年冬，在历时 15d 的抗美援朝长津湖战役中，由于敌方的严密封锁，我志愿军食物等补给物质严重缺乏。10 余万衣着单薄的志愿军战士严密伪装、昼伏夜行，忍受着酷寒、饥饿和疲劳，在覆盖着厚厚积雪的山脉和树林中连续行军；以惊人的毅力克服千难万险，坚持战斗，取得了长津湖战役的最后胜利。

2.《健康中国行动（2019—2030）》指出，要牢固树立"大卫生、大健康"理念，坚持预防为主、防治结合的原则，促进以治病为中心向以健康为中心转变，提高人民健康水平。根据相关数据统计显示，目前我国肥胖率已位居世界首位。肥胖可诱发动脉粥样硬化、高血压、糖尿病等疾病。

工作任务：

1. 分析志愿军战士在严重缺乏食物的情况下，坚持行军打仗的能量来源。
2. 分析肥胖发生的根本原因，如何科学地控制体重。

第一节 概 述

一、脂类的分类和生理功能

（一）脂类的分类

脂类是一类难溶于水而易溶于有机溶剂的有机化合物，包括脂肪和类脂两大类。其中，脂肪由 1 分子甘油和 3 分子脂肪酸组成，也称为甘油三酯。类脂包括磷脂、糖脂、胆固醇和胆固醇酯。

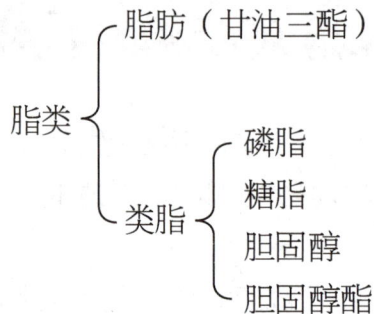

$$
脂类
\begin{cases}
脂肪（甘油三酯） \\
类脂
\begin{cases}
磷脂 \\
糖脂 \\
胆固醇 \\
胆固醇酯
\end{cases}
\end{cases}
$$

体内的脂肪绝大部分储存在脂肪组织中，分布于皮下、大网膜、肠系膜及肾周围等处，这些组织称为脂库。成年男性体内脂肪含量占体重的 10%～20%，女性稍高。体内脂肪含量易受营养状况和机体活动等多种因素影响而发生变化，称为可变脂。

类脂分布于全身各组织中，以神经组织中含量最多。体内类脂总量约占体重的 5%，含量不受营养状况和机体活动等因素的影响而变化，称为恒定脂。

知识拓展

身体质量指数

身体质量指数简称 BMI，计算公式为 BMI= 体重（kg）÷ 身高（m）^{2}，是国际上比较常用的判断肥胖的指标之一。亚洲人的 BMI 在 18.5～23.9 之间时为正常水平，低于 18.5 为过瘦，大于 24 为超重，大于 28 为肥胖，大于 30 为重度肥胖。

（二）脂类的生理功能

1. 脂肪的生理功能

（1）储能供能：脂肪是体内重要的储能和供能物质。正常人体生理活动所需能量的 15%～20% 由脂肪提供。1g 脂肪彻底氧化可释放 38kJ 的能量，比同重量的糖和蛋白质高 1 倍以上。空腹时，机体所需能量约 50% 由脂肪氧化提供；禁食 1～3d，所需能量 85% 以上来自脂肪。

（2）维持体温：脂肪不易传热，人体皮下脂肪能防止体内热量散失，起到维持体温恒定的作用。所以，冬季胖者一般较瘦者耐寒。

（3）保护内脏：脂肪组织结构柔软，能缓冲外界的机械性撞击，保护内脏器官免受损伤。

（4）促进脂溶性维生素的吸收：肠道内的脂肪可以促进脂溶性维生素的吸收。胆管梗阻的患者，胆汁分泌受阻，脂肪的消化障碍，故常伴有脂溶性维生素的吸收减少。

2. 类脂的生理功能

（1）构成生物膜：磷脂和胆固醇是构成生物膜的重要成分，对维持生物膜的正常结构和功能起重要作用。

（2）参与神经髓鞘的构成：磷脂和胆固醇参与构成神经髓鞘，维持神经冲动的正常传导。

（3）参与组成血浆脂蛋白：磷脂参与组成血浆脂蛋白，协助脂类物质在血液中运输。

（4）提供必需脂肪酸：磷脂分子中含有必需脂肪酸，是人体必需脂肪酸的重要来源。必需脂肪酸是指机体生命活动必不可少而自身又不能合成，必须由食物供给的多不饱和脂肪酸，如亚油酸、亚麻酸、花生四烯酸等。

（5）转变成其他物质：胆固醇在体内可以转变为胆汁酸、维生素 D_3、类固醇激素等多种生理活性物质。

二、脂肪代谢概况

体内脂肪代谢包括分解代谢和合成代谢，其中脂肪的分解代谢又称为脂肪动员。脂肪动员的产物是甘油和脂肪酸。甘油和脂肪酸都可以彻底分解为 CO_2 和 H_2O，并释放能量。甘油还可经糖异生途径转变为葡萄糖或糖原，肝内脂肪酸 β- 氧化的终产物乙酰 CoA 可以合成酮体。脂肪合成的原料是 α- 磷酸甘油和脂酰 CoA。α- 磷酸甘油可由磷酸二羟丙酮还原生成，也可来自甘油的磷酸化；脂酰 CoA 的合成原料是乙酰 CoA（图 7-1）。

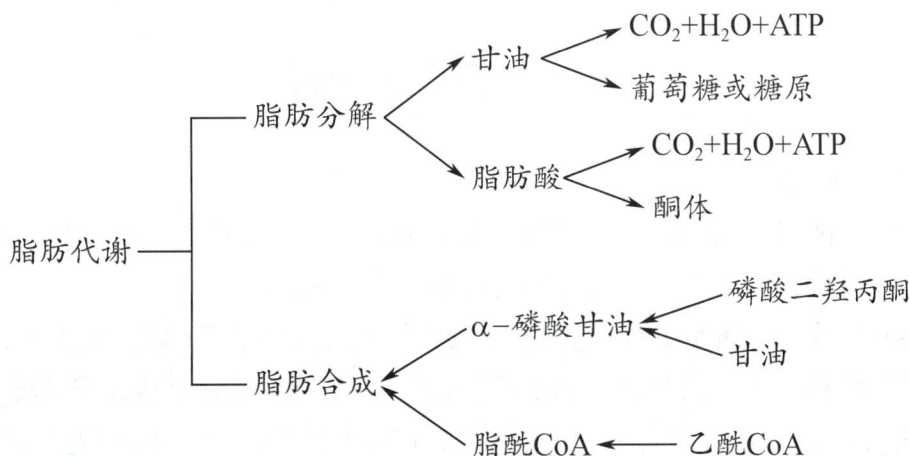

图 7-1　脂肪代谢概况

脂类的消化吸收

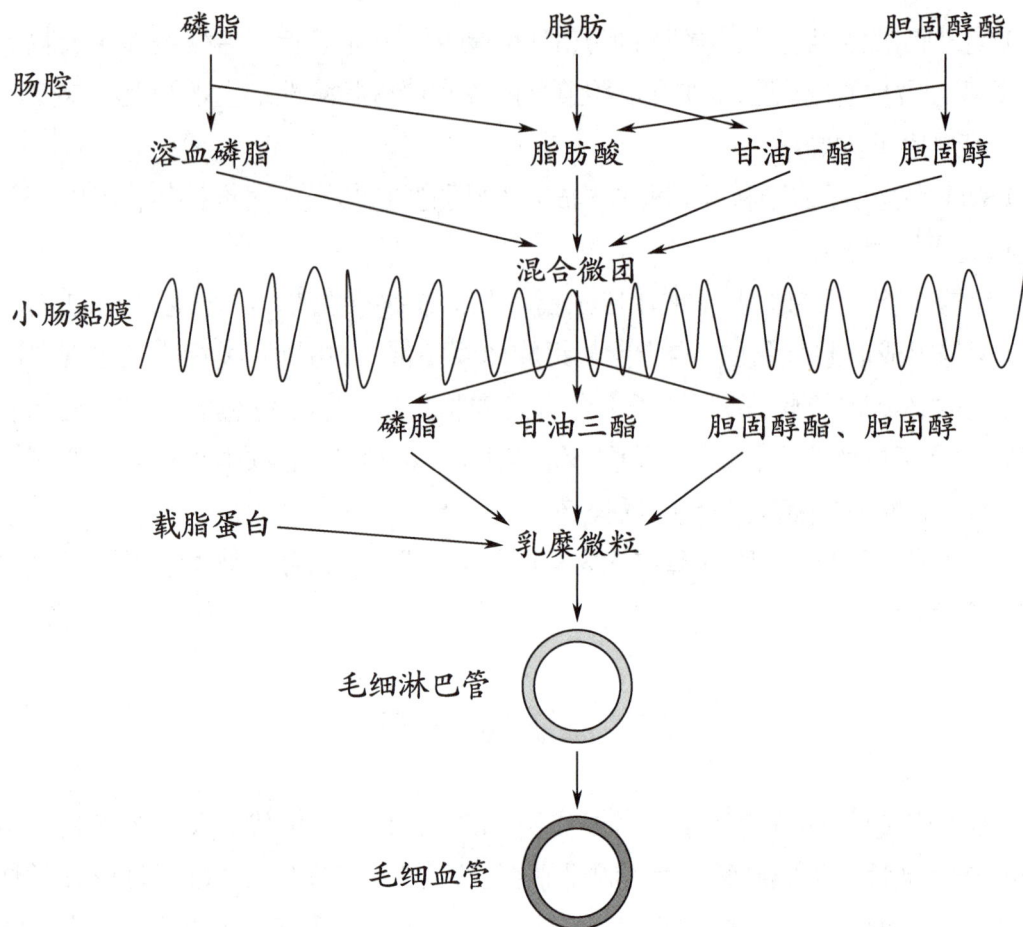

```
肠腔        磷脂            脂肪            胆固醇酯
              ↓              ↓                ↓
          溶血磷脂        脂肪酸   甘油一酯   胆固醇
                            ↘    ↓   ↙
                          混合微团
```

小肠黏膜 〰〰〰〰〰〰〰〰〰〰〰〰〰〰〰〰

```
                磷脂   甘油三酯   胆固醇酯、胆固醇
                   ↘     ↓      ↙
   载脂蛋白 ──────→  乳糜微粒
                        ↓
毛细淋巴管              ○
                        ↓
毛细血管               ◎
```

第二节　甘油三酯代谢

一、甘油三酯的分解

（一）脂肪动员

1. 概念　脂肪组织储存的甘油三酯，在脂肪酶的催化下逐步水解为脂肪酸和甘油，并释放入血被其他组织利用的过程称为脂肪动员（图7-2）。

2. 限速酶　甘油三酯脂肪酶是脂肪动员的限速酶，活性受多种激素的调节，又称为单激素敏感性脂肪酶。肾上腺素、肾上腺皮质激素、甲状腺素、胰高血糖素等激素可提高激素敏感性脂肪酶的活性，称为脂解激素；胰岛素可降低激素敏感性脂肪酶的活性，称为抗脂解激素。正常情况下，这两类激素协同作用，使体内脂肪的水解速度适应机体的需要。

甘油三酯 → 甘油二酯 → 甘油一酯 → 甘油

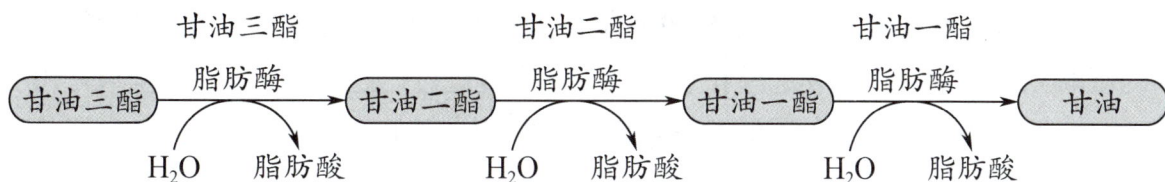

图 7-2　脂肪动员示意图

机体处于紧张、饥饿状态时，肾上腺素、去甲肾上腺素、胰高血糖素分泌增加，甘油三酯脂肪酶的活性增强，脂肪动员加强，脂肪组织储存的脂肪减少。故人体长期处于紧张、饥饿状态时就会消瘦。

（二）甘油的代谢

脂肪动员产生的甘油，经血液循环到达肝、肾、小肠黏膜的组织细胞，被甘油激酶催化生成 α- 磷酸甘油，再脱氢生成磷酸二羟丙酮，进入糖代谢途径，氧化分解生成 CO_2 和 H_2O 并释放能量。磷酸二羟丙酮也可以在肝和肾中经糖异生作用转变为葡萄糖或糖原（图 7-3）。

此外，α- 磷酸甘油还是合成脂肪的原料，参与体内脂肪的合成代谢。

图 7-3　甘油的代谢

（三）脂肪酸的氧化

1. 概念　在氧供应充足的情况下，脂肪酸彻底氧化分解为 CO_2 和 H_2O，并释放大量能量的过程。

2. 运输　脂肪动员产生的游离脂肪酸释放入血后，与清蛋白结合，由血液运输到全身各组织。

3. 氧化部位和过程　机体除脑组织和成熟红细胞外，大多数组织都能氧化利用脂肪酸，其中以肝和肌肉组织最为活跃。氧化的主要部位在线粒体，分为以下四个阶段。

（1）脂肪酸的活化：脂肪酸转变为脂酰 CoA 的过程称为脂肪酸的活化。反应在细胞液中进行，由 ATP 供能。1 分子脂肪酸活化，消耗 2 个高能磷酸键。

$$脂肪酸 + HSCoA + ATP \xrightarrow[Mg^{2+}]{脂酰 CoA 合成酶} 脂酰 CoA + AMP + PPi$$

（2）脂酰 CoA 的转运：由于催化脂酰 CoA 继续氧化的酶系存在于线粒体内，而脂酰 CoA 不能直接进入线粒体，故需经线粒体膜上的肉碱将脂酰基携带转运进入线粒体内，然后重新转变成脂酰 CoA。

（3）脂酰 CoA 的 β- 氧化：脂酰 CoA 在线粒体内进行 β- 氧化，一次 β- 氧化包括脱氢、加水、再脱氢和硫解四步反应，生成 1 分子乙酰 CoA 和 1 分子比原来少 2 个碳原子的新的脂酰 CoA。后者可继续进行 β- 氧化，如此反复进行，直至脂酰 CoA 完全氧化为乙酰 CoA。β- 氧化的终产物是乙酰 CoA。反应过程见图 7-4。

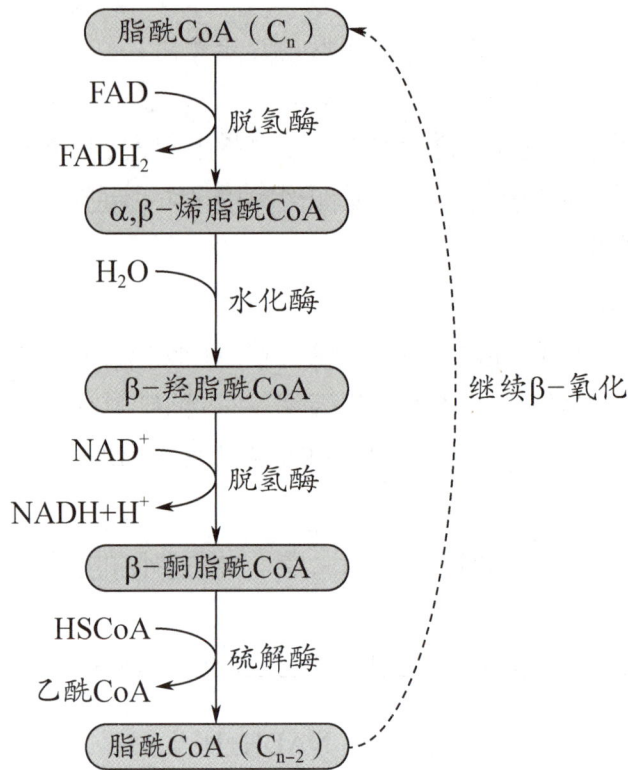

图 7-4　脂酰 CoA 的 β- 氧化过程

（4）乙酰 CoA 的彻底氧化：脂肪酸经 β- 氧化生成的乙酰 CoA，进入三羧酸循环彻底氧化成 CO_2 和 H_2O，并释放能量。肝脏中 β- 氧化生成的乙酰 CoA，还可在线粒体中缩合成酮体。

4. 脂肪酸氧化的能量生成　脂肪酸氧化可产生大量能量。以 1 分子含 16 个碳原子的软脂酸为例：可进行 7 次 β- 氧化，生成 8 分子乙酰 CoA。每次 β- 氧化可生成 4 分子 ATP，每 1 分子乙酰 CoA 进入三羧酸循环可生成 10 分子 ATP，共计生成 ATP 数为 4×7+10×8=108 分子，再减去脂肪酸活化时消耗的 2 分子 ATP，则净生成 ATP 数为 106 分子。

1 分子甘油三酯分解可产生 3 分子脂肪酸。由此可见，甘油三酯分子内储存了大量能量。

（四）酮体的生成和利用

1. 酮体的生成

（1）概念：酮体是脂肪酸在肝内氧化的正常中间产物，包括乙酰乙酸、β- 羟丁酸、丙酮三种物质。其中 β- 羟丁酸约占酮体总量的 70%，乙酰乙酸约占 30%，丙酮含量极微。

（2）原料：肝中脂肪酸 β- 氧化生成的大量乙酰 CoA，除彻底氧化成 CO_2 和 H_2O 并释放能量外,更重要的代谢去路是作为合成酮体的原料,参与酮体的合成。

（3）基本过程:肝细胞线粒体内富含催化酮体合成的酶系,而肝外组织缺乏,故生成酮体是肝特有的功能。

2分子乙酰CoA缩合生成乙酰乙酰CoA,乙酰乙酰CoA再与1分子乙酰CoA缩合,生成羟基甲基戊二酸单酰CoA(HMGCoA),并释放出1分子HSCoA,催化这一反应的酶为HMGCoA合酶,是合成酮体的限速酶。HMGCoA在裂解酶催化下,生成1分子乙酰乙酸和1分子乙酰CoA;乙酰乙酸在酶催化下还原成β-羟丁酸,也可自动脱羧生成少量丙酮(图7-5)。

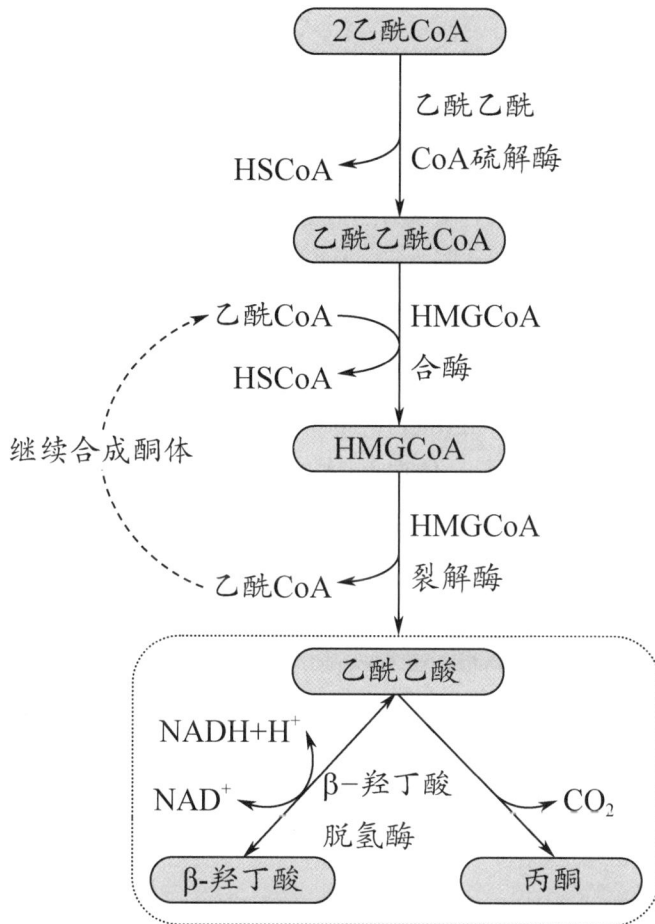

图7-5 酮体的生成

2. 酮体的利用　肝内缺乏氧化利用酮体的酶,所以肝内生成的酮体需经血液运输到肝外组织氧化利用。乙酰乙酸和β-羟丁酸在酶的催化下重新转化为乙酰CoA,进入三羧酸循环彻底氧化分解,并产生能量(图7-6)。正常情况下,丙酮生成量很少,可经肺呼出。

3. 酮体代谢的特点及生理意义

（1）酮体代谢的特点:肝内生酮肝外利用。

（2）生理意义:①酮体分子小、水溶性强,易于通过血脑屏障和毛细血管壁,是肝输

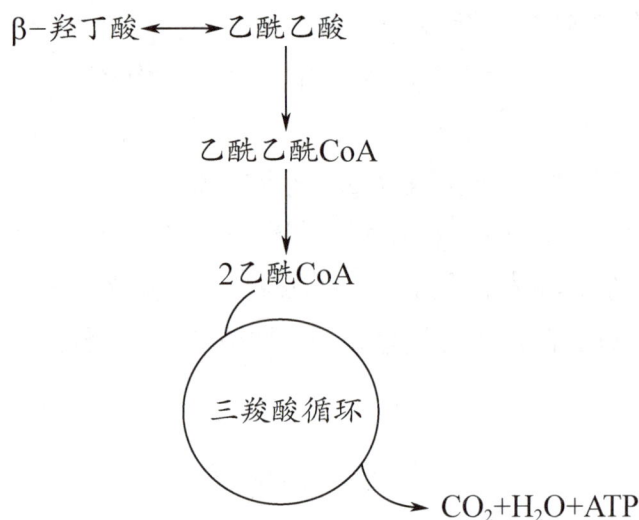

图 7-6　酮体的利用

出脂类能源物质的一种重要形式;②长期饥饿及糖供应不足时,酮体可替代葡萄糖成为脑及肌肉等组织的主要能源;③生成过多,可引起酮症酸中毒。正常情况下,肝生成的酮体能迅速被肝外组织利用,血中含量仅为 $0.03 \sim 0.5$ mmol/L($0.3 \sim 5$ mg/dl)。在长时间饥饿、糖尿病等情况下,体内脂肪动员加强,肝内酮体生成增多,超过了肝外组织的利用能力,可导致血中酮体升高,称为酮血症;酮体中的乙酰乙酸和 β- 羟丁酸是酸性物质,在血液中浓度过高,引起酮症酸中毒。体内酮体含量过高,超过肾重吸收能力时,可随尿排出,引起酮尿;丙酮具有挥发性,过多丙酮经患者肺呼出,产生特殊的"烂苹果气味"。

🧠 **生化学而思**

患者,男,58 岁,半年来体重持续减轻,并伴有多饮、多食、多尿等症状。突发昏迷 2d,呼吸弱,有烂苹果味。血糖 30mmol/L,尿糖、尿酮体强阳性。初步诊断为糖尿病酮症酸中毒。

请思考:

1. 该患者发生酮症酸中毒的原因是什么?

2. 哪些人群易发生酮症酸中毒?

二、甘油三酯的合成

人体许多组织都能合成甘油三酯,以肝和脂肪组织合成能力最强。合成原料是 α- 磷酸甘油和脂酰 CoA,合成场所是细胞液。

(一) α- 磷酸甘油的合成

α- 磷酸甘油主要由糖代谢的中间产物磷酸二羟丙酮还原生成,也可来自甘油的磷酸化。

（二）脂酰 CoA 的合成

脂酰 CoA 的合成原料是乙酰 CoA，主要来自糖的氧化分解。合成过程中的供氢体是 $NADPH+H^+$，由磷酸戊糖途径产生。合成过程需 ATP 供能。

（三）甘油三酯的合成

甘油三酯的合成首先由 1 分子 α- 磷酸甘油与 2 分子脂酰 CoA 结合生成磷脂酸，后者水解生成甘油二酯，再与 1 分子脂酰基结合即生成甘油三酯。甘油三酯分子中的 3 个脂酰基可以相同，也可以不同。

第三节　类 脂 代 谢

一、甘油磷脂的代谢

类脂中含有磷酸的化合物称为磷脂，人体内含量最多的磷脂是甘油磷脂。

甘油磷脂是脂类中极性最大的一类化合物。甘油磷脂分子中既含有疏水基团，又含有亲水基团，在水和非极性溶剂中都有很大的溶解度，所以是蛋白质与脂类之间结合的桥梁，是血浆脂蛋白的重要组分。

磷脂酰乙醇胺（脑磷脂）和磷脂酰胆碱（卵磷脂）是重要的甘油磷脂，主要存在于脑组织、大豆和蛋黄中。

（一）甘油磷脂的合成

机体各组织均可合成甘油磷脂，其中以肝脏最为活跃。

甘油磷脂合成的原料主要有甘油二酯、胆碱、乙醇胺（胆胺）或丝氨酸等，还需要辅因子 FH_4、维生素 B_{12} 参与，ATP、CTP 供能，这些原料主要来自食物。

以磷脂酰乙醇胺和磷脂酰胆碱的合成为例。首先，在酶的催化下，乙醇胺或胆碱分步由 ATP、CTP 供能，活化生成 CDP- 乙醇胺或 CDP- 胆碱，再与甘油二酯反应，生成磷脂酰乙醇胺或磷脂酰胆碱。磷脂酰胆碱也可由磷脂酰乙醇胺接受 S- 腺苷甲硫氨酸提供的甲基转化生成（图7-7）。

磷脂是极低密度脂蛋白（VLDL）的重要组成成分。机体缺乏胆碱或胆胺等合成磷脂的原料时，磷脂合成减少，导致 VLDL 生成障碍，使肝细胞内脂肪运出困难而积存，可引起脂肪肝。临床上常用磷脂及其合成原料（丝氨酸、甲硫氨酸、胆碱、乙醇胺等）以及有关辅因子（叶酸、维生素 B_{12}、ATP 及 CTP 等）来防治脂肪肝。

（二）甘油磷脂的分解

甘油磷脂中的不同酯键，可分别被体内的磷脂酶 A_1、磷脂酶 A_2、磷脂酶 C、磷脂酶 D 等催化水解，生成脂肪酸、胆碱或乙醇胺、磷酸、甘油等物质（图7-8），这些物质可氧化分解或被机体再利用。

丝氨酸 ———→ 乙醇胺 ——S-腺苷甲硫氨酸——→ 胆碱

乙醇胺 ↓ (ATP → ADP) → 磷酸乙醇胺 ↓ (CTP → PPi) → CDP-乙醇胺 ↓ (甘油二酯 → CMP) → 磷脂酰乙醇胺（脑磷脂）

胆碱 ↓ (ATP → ADP) → 磷酸胆碱 ↓ (CTP → PPi) → CDP-胆碱 ↓ (甘油二酯 → CMP) → 磷脂酰胆碱（卵磷脂）

磷脂酰乙醇胺（脑磷脂）——S-腺苷蛋氨酸——→ 磷脂酰胆碱（卵磷脂）

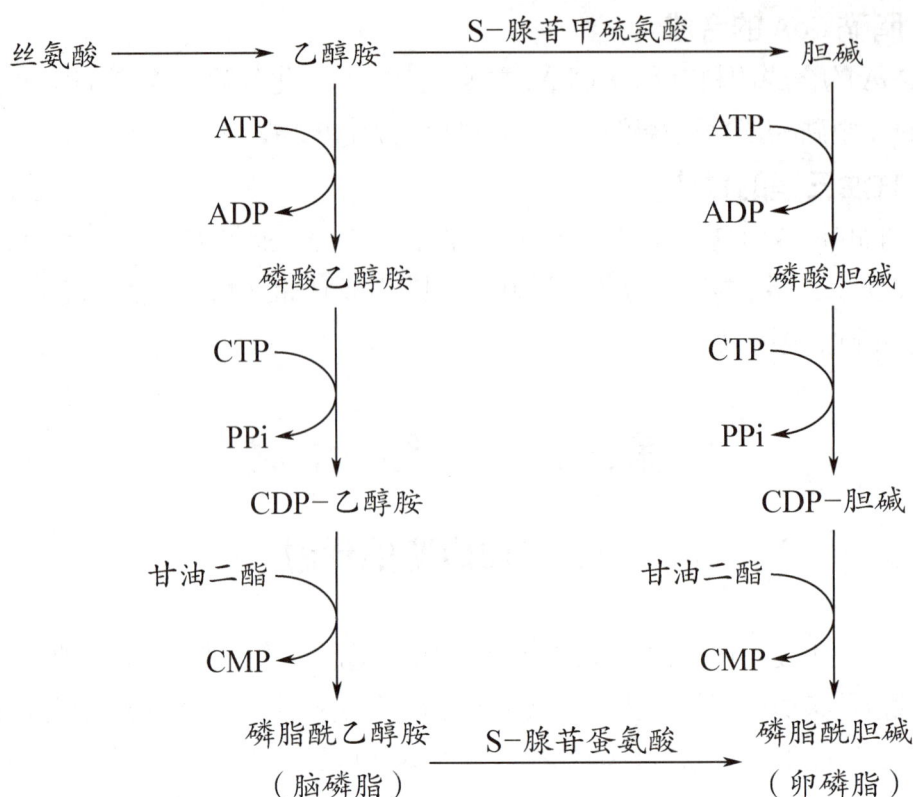

图 7-7 甘油磷脂合成的基本过程

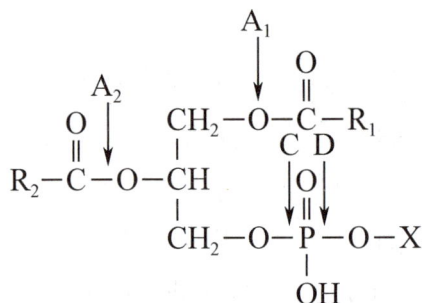

$$A_1$$
$$CH_2-O-C-R_1 \quad (=O)$$
$$A_2$$
$$R_2-C-O-CH \quad (=O)$$
$$C \quad D$$
$$CH_2-O-P-O-X \quad (=O)$$
$$OH$$

图 7-8 甘油磷脂的分解

磷脂酶 A_2 水解磷脂，生成溶血磷脂，使红细胞膜结构破坏，引起溶血和细胞坏死。某些蛇毒中含有磷脂酶 A_2，因此蛇毒进入人体时表现出溶血症状。临床上也可利用蛇毒的溶血作用治疗血栓。

二、胆固醇的代谢

健康成人体内含胆固醇约 140g，广泛分布于全身各组织中，其中以神经组织、肾上腺皮质、卵巢中含量最高。

人体内胆固醇少量来自食物，主要是动物性食物，如动物内脏、脑组织、蛋黄、奶油等。人体合成胆固醇是体内胆固醇的主要来源。

（一）胆固醇的合成

正常成年人除脑组织和成熟红细胞外，其他组织都可以合成胆固醇，每天合成总量约1g。肝是合成胆固醇的主要器官，合成量占合成总量的70%～80%。

胆固醇合成的基本原料是乙酰CoA，糖、脂肪、蛋白质分解代谢产生的乙酰CoA均可进入胆固醇合成途径。合成过程由ATP供能、$NADPH+H^+$提供氢。胆固醇的合成过程复杂，有近30步反应，大致可分为甲羟戊酸的生成、鲨烯的生成、胆固醇的生成三个阶段（图7-9）。

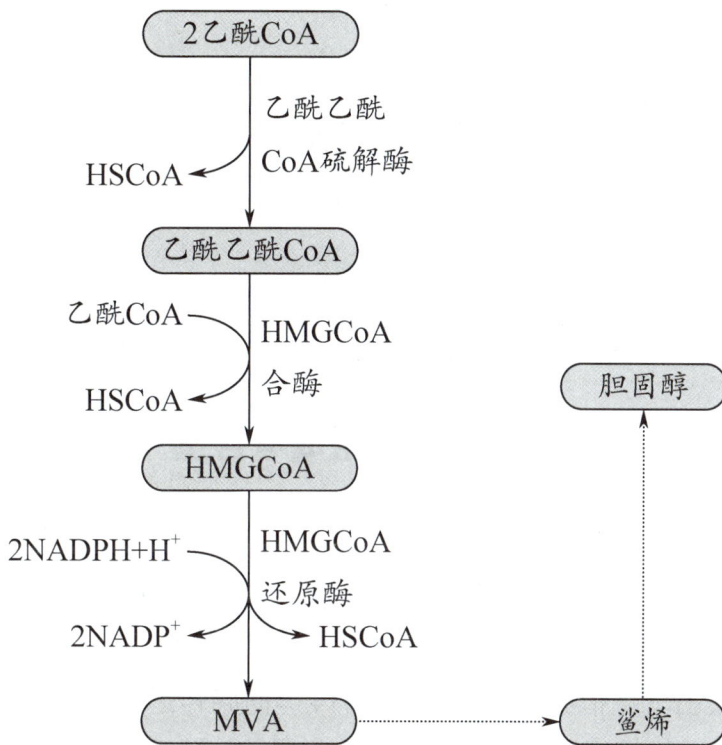

图7-9　胆固醇合成的主要过程

（二）胆固醇的转化与排泄

胆固醇在体内不能氧化供能，所以不是体内的能源物质，但可转变为具有重要生理功能的类固醇物质（图7-10）。

1. 转变为胆汁酸　胆固醇在体内的主要代谢去路是在肝中转变为胆汁酸。胆汁酸以胆汁酸盐的形式随胆汁排入肠道，可促进脂类物质的消化吸收。

2. 转变成类固醇激素　在肾上腺皮质和性腺，胆固醇可转变为肾上腺皮质激素和性激素。例如，在卵巢可转变为雌激素和孕激素，在睾丸可转变为雄性激素。

3. 转变为维生素 D_3　胆固醇在肝、小肠黏膜、皮肤等处可被氧化成7-脱氢胆固醇，随血液循环运输至皮肤并储存。7-脱氢胆固醇在皮下经紫外线照射即转变为维生素D_3，维生素D_3活化后对钙、磷代谢具有调节作用。

4. 胆固醇的排泄　体内胆固醇可随胆汁进入肠道，少量被重吸收，大部分被肠道细菌还原为粪固醇随粪便排出。

（醛固酮、皮质醇、雄激素、雌二醇、孕酮）　　　（不能氧化供能！）　　　（与脂类的吸收有关）

甾体激素　←　胆固醇　→　胆汁酸

肾上腺皮质　睾丸　卵巢　（肝）

↓皮肤

7-脱氢胆固醇

↓UV

维生素D₃

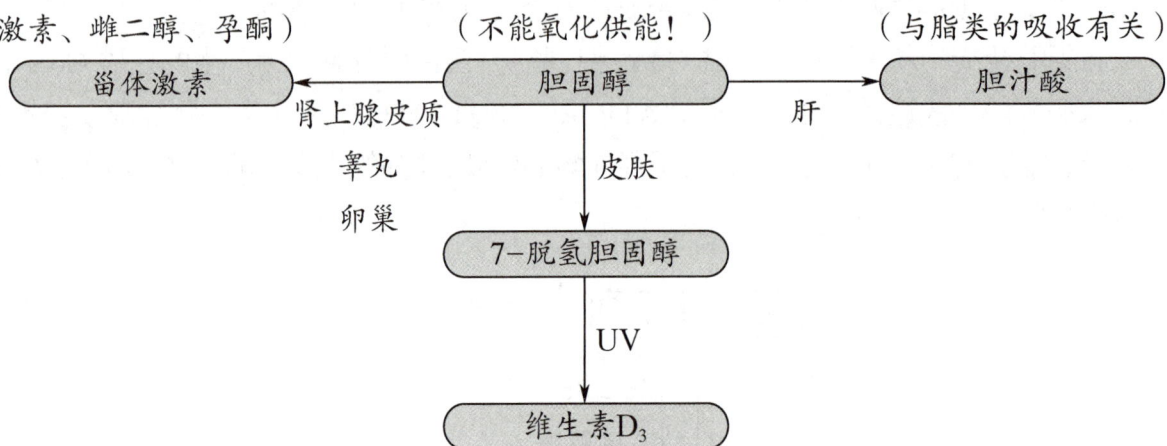

图 7-10　胆固醇的转变

第四节　血脂与血浆脂蛋白

一、血脂的组成与含量

（一）血脂

血浆中各种脂类物质总称为血脂，包括甘油三酯（TG）、磷脂（PL）、胆固醇（Ch）、胆固醇酯（CE）及游离脂肪酸（FFA）。总胆固醇（TC）包括游离胆固醇和胆固醇酯。

血浆脂类虽仅占全身脂类总量的极少部分，但血脂转运于全身各组织之间，可以反映体内脂类物质的代谢情况。因此测定血脂含量是临床生化检验的常规项目，可用于辅助诊断疾病。血脂不如血糖恒定，受膳食、年龄、性别、职业及代谢等因素影响，波动范围较大。正常成年人空腹12～14h血脂组成及正常参考值见表7-1。

表 7-1　正常成年人空腹血脂组成及正常参考值

组成	正常参考值/(mmol·L⁻¹)	空腹时主要来源
甘油三酯	0.11～1.69	肝
磷脂	48.44～80.73	肝
总胆固醇	2.59～6.47	肝
胆固醇酯	1.81～5.17	肝
游离胆固醇	1.03～1.81	肝
游离脂肪酸	0.20～0.80	脂肪组织

（二）血脂的来源和去路

1. 血脂的来源 ①食物中的脂类物质，经消化吸收进入血液；②在肝脏、脂肪及其他组织合成的脂类，释放入血；③脂肪动员的产物，进入血液。

2. 血脂的去路 ①甘油三酯和脂肪酸氧化分解，为机体提供能量；②磷脂、胆固醇参与生物膜的组成；③胆固醇转变为类固醇激素等生理活性物质；④甘油三酯进入脂库储存（图7-11）。

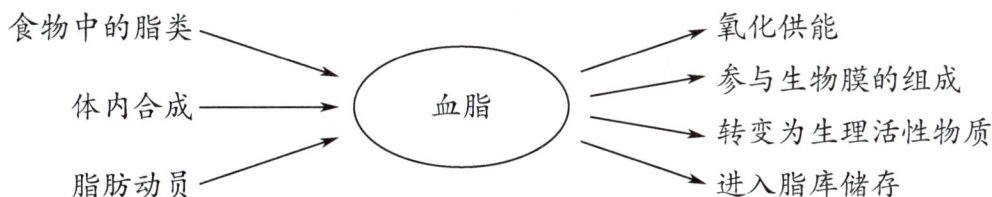

图 7-11 血脂的来源与去路

二、血浆脂蛋白

（一）血浆脂蛋白的组成与结构

脂类物质难溶于水，在血浆中必须与蛋白质结合才能顺利运输及代谢。其中甘油三酯、磷脂、胆固醇及胆固醇酯与载脂蛋白结合成血浆脂蛋白；游离脂肪酸与清蛋白结合成脂肪酸-清蛋白。脂类物质在血液中运输的主要形式是血浆脂蛋白。

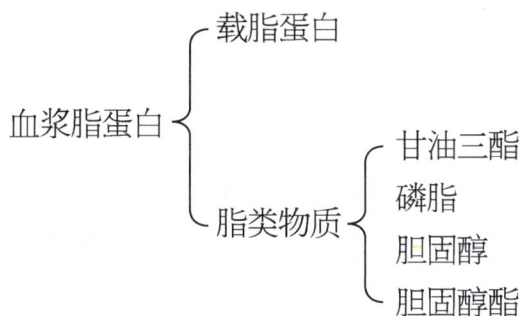

各种脂蛋白都具有相似的基本结构，呈球状。内部是甘油三酯、胆固醇酯等分子的疏水基团；表面是载脂蛋白、磷脂、胆固醇等分子的亲水基团，使得脂蛋白能直接溶于血浆而运输（图7-12）。

（二）血浆脂蛋白的分类

1. 密度分离法（超速离心法） 由于不同脂蛋白中所含各脂类物质和蛋白质的比例有差异，故密度高低有所不同。将血浆置于一定密度的盐溶液中，采用约 50 000r/min 的速度进行超速离心，分离后的脂蛋白按密度由低到高依次为：乳糜微粒（CM）、极低密度脂蛋白（VLDL）、低密度脂蛋白（LDL）、高密度脂蛋白（HDL）（图7-13）。

2. 电泳分离法 由于不同脂蛋白中载脂蛋白的种类和含量不同，其颗粒大小及在电场中所带电荷多少都不相同,因此,电泳时迁移率就有所差别。血浆脂蛋白从负极向正极迁移分离,按迁移速度由慢到快分别为:乳糜微粒、β-脂蛋白、前β-脂蛋白、α-脂蛋白(图7-14)。

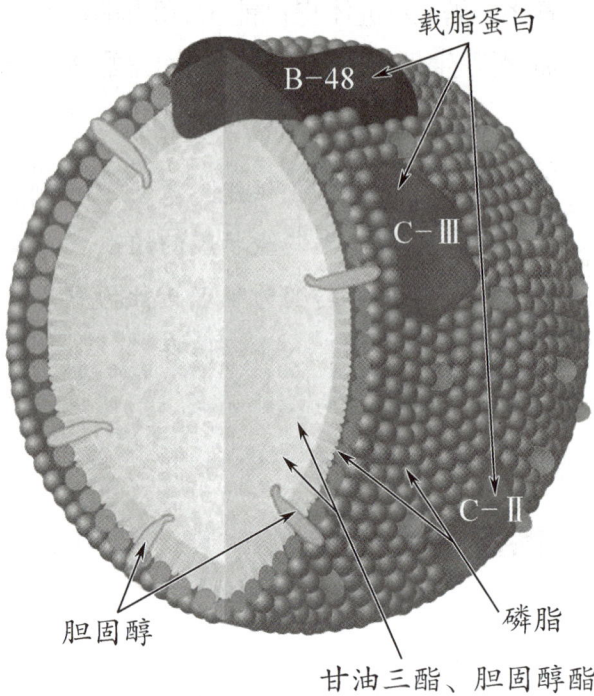

图 7-12　血浆脂蛋白的结构

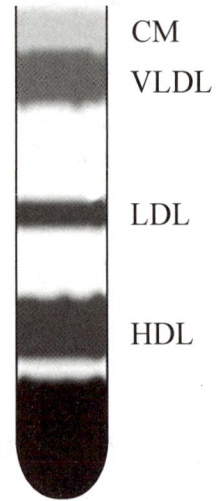

图 7-13　超速离心法分离血浆脂蛋白示意图

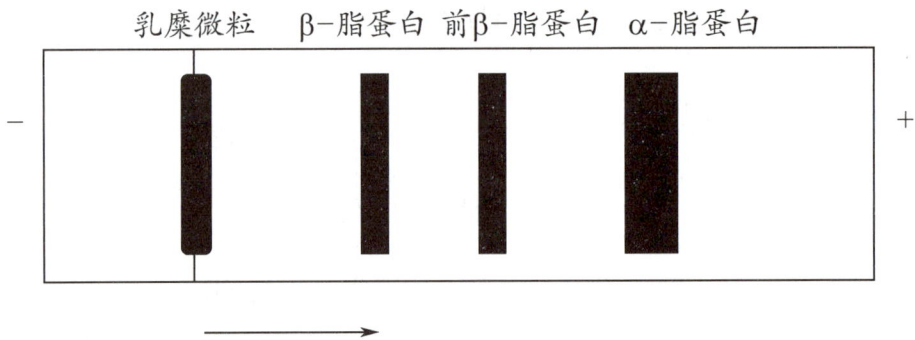

图 7-14　电泳法分离血浆脂蛋白示意图

两种分离法所得血浆脂蛋白的对应关系如图7-15。

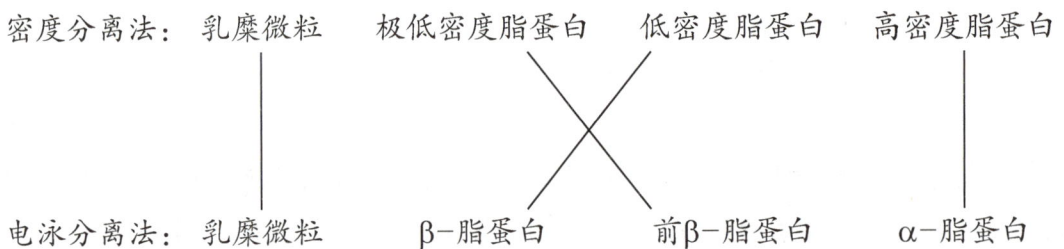

图 7-15　两种分离法所得血浆脂蛋白的对应关系

（三）血浆脂蛋白的功能

1. 乳糜微粒（CM）　CM 由小肠黏膜细胞吸收食物中的外源性脂类物质与体内载脂蛋白结合形成，经淋巴进入血液循环。CM 是含甘油三酯最高的一类血浆脂蛋白，当其随血液流经肌肉和脂肪等组织的毛细血管时，其中的甘油三酯可被血管内皮细胞表面的脂蛋白脂肪酶反复水解，使得 CM 颗粒逐渐变小，最后残余颗粒被肝细胞摄取利用。正常情况下，饭后血浆中 CM 含量高，空腹时几乎没有。CM 的主要功能是转运外源性甘油三酯。

2. 极低密度脂蛋白（VLDL）　VLDL 由肝细胞合成，主要功能是将肝脏合成的内源性甘油三酯转运到肝外组织。VLDL 中甘油三酯含量较高，当其随血液流经肌肉和脂肪等组织的毛细血管时，其中的甘油三酯可被脂蛋白脂肪酶水解。因此，正常人空腹时血浆中 VLDL 很少。VLDL 合成障碍时，甘油三酯不能正常转运出肝脏，在肝脏堆积可造成脂肪肝。

3. 低密度脂蛋白（LDL）　LDL 由 VLDL 转变而来。当 VLDL 随血液流经毛细血管处时，其组成中的甘油三酯被脂蛋白脂肪酶反复催化水解，颗粒逐渐变小，组成发生改变，最后转变为富含胆固醇的 LDL。LDL 是正常人空腹时血浆中含量最高的脂蛋白，约占血浆脂蛋白总量的 2/3。

LDL 的主要功能是将肝脏合成的内源性胆固醇转运到肝外组织。血浆 LDL 含量增高，可使过多的胆固醇沉积在动脉管壁而诱发动脉粥样硬化。

4. 高密度脂蛋白（HDL）　HDL 主要由肝脏合成，小肠也可合成。正常人空腹血浆 HDL 约占血浆脂蛋白总量的 1/3。

HDL 的主要功能是将肝外组织细胞内的胆固醇逆向转运到肝中进行代谢。通过这种机制，可清除外周组织中的胆固醇，防止胆固醇沉积在动脉管壁和其他组织中。因此，HDL 具有抗动脉粥样硬化的作用。

知识拓展

HDL——"长寿因子"

科学研究发现：遗传性高 HDL 家族的人群普遍长寿，几乎可以避免动脉粥样硬化和心脑血管疾病的发生。因此，HDL 被称为"长寿因子"。

当血液中 HDL 含量增高时，血管壁上的胆固醇等脂类的清运速度大于沉积速度，新、旧血脂沉积物均被清除，血流畅通无阻。大量 HDL 进入血管内膜及内皮细胞还能修复破损内膜，恢复血管弹性。世界卫生组织研究证实，每 100ml 血液中的 HDL 升高 1mg，可使由动脉粥样硬化引起的心脑血管疾病的发病率和死亡率降低 3%～4%，故 HDL 也被称为"抗动脉硬化因子""冠心病保护因子""好胆固醇"。

各种血浆脂蛋白的密度、组成特点及主要生理功能见表 7-2。

表7-2　血浆脂蛋白的分类、组成特点和主要功能

分类 （密度分离法）	组成 /%				主要生理功能
	蛋白质	甘油三酯	磷脂	胆固醇	
CM	1～2	80～95	6～9	2～7	转运外源性甘油三酯
VLDL	5～10	50～70	10～15	10～15	转运内源性甘油三酯
LDL	20～25	10	20	45～50	转运内源性胆固醇
HDL	45～50	5	30	20～22	逆向转运胆固醇

生化学而思

血脂检测是临床生化常规检测项目。正常情况下，空腹静脉血清为透明淡黄色，而饭后静脉血清为乳白色浑浊状。

请思考：

1. 空腹静脉血清透明而饭后静脉血清浑浊的原因是什么？
2. 临床上对哪种血浆脂蛋白增高很重视？为什么？

三、常见脂类代谢异常

血脂异常包括血脂量和质的异常，通常指血浆中胆固醇和 / 或甘油三酯升高，或高密度脂蛋白胆固醇降低。临床上常将血脂异常分为四种类型：高胆固醇血症、高甘油三酯血症、混合型高脂血症和低高密度脂蛋白胆固醇血症（图7-16）。血脂异常可诱发动脉粥样硬化，也与脂肪肝、冠心病等疾病的发生密切相关。

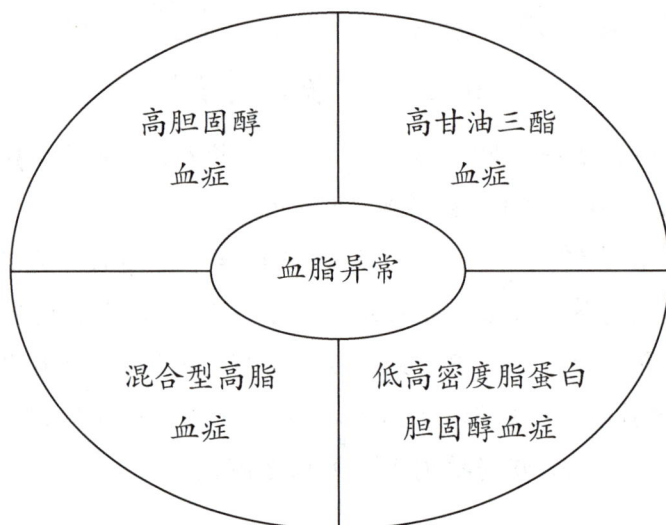

图7-16　血脂异常的类型

血脂异常诊断标准

符合以下空腹静脉血浆检查指标≥1项，可诊断血脂异常：

①总胆固醇（TC）≥6.2mmol/L；

②低密度脂蛋白胆固醇（LDL-C）≥4.1mmol/L；

③甘油三酯（TG）≥2.3mmol/L；

④高密度脂蛋白胆固醇（HDL-C）<1.0mmol/L。

章末小结

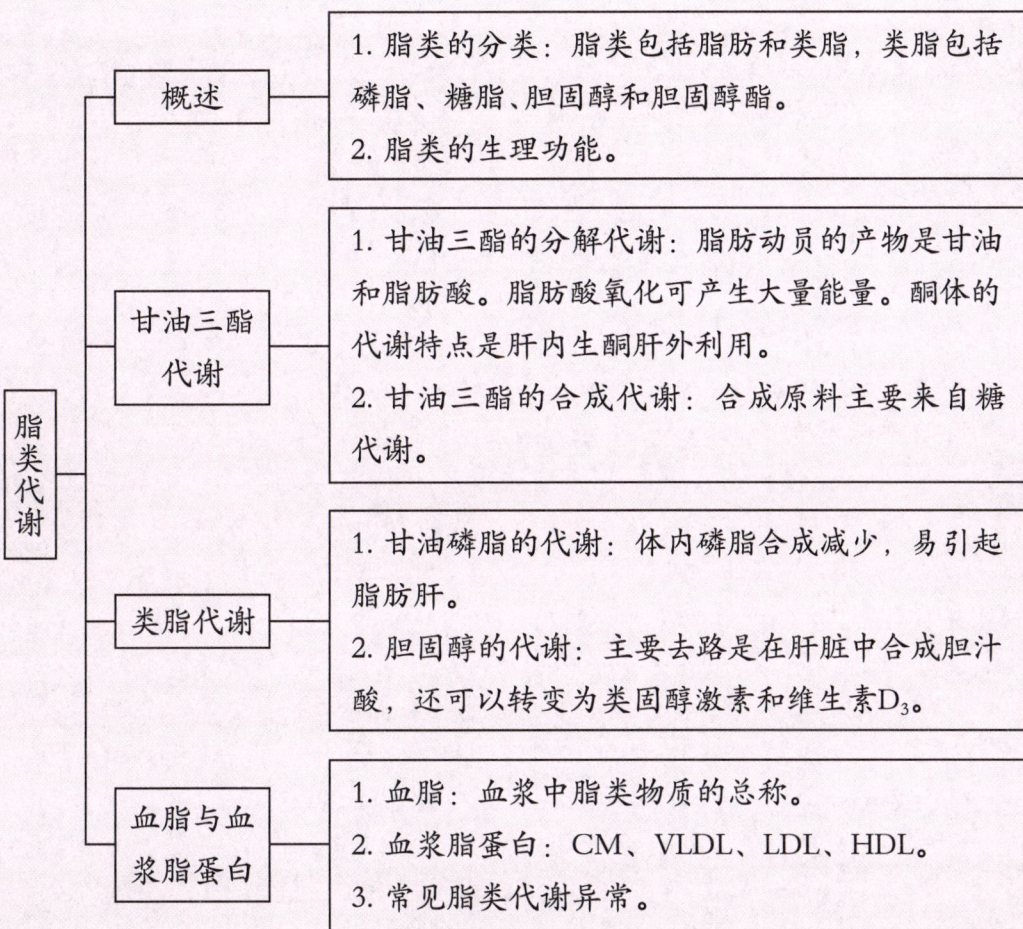

（柳晓燕）

❓ 思考与练习

1. 脂类物质如何分类？有何生理功能？

2. 何谓酮体？酮体的代谢特点是什么？

3. 体内胆固醇可以转变为哪些物质？

4. 血浆脂蛋白分为哪几类？各种血浆脂蛋白的主要功能是什么？

第八章 | 核 酸 代 谢

08章
08章 数字内容

工作情景与任务

导入情景：

现在市面上有多种"×× 核酸"保健品出售，主要成分为核酸，号称口服后可以补充体内核酸，提高 DNA 的复制和修复，从而增强机体免疫力。

工作任务：

1. 分析服用核酸保健品能否补充体内核酸。
2. 学完本章后，请分析过多摄入核酸可能会引起哪种疾病，并阐明原因。

第一节 概　述

核苷酸作为核酸的基本单位，最主要的功能就是作为原料参与核酸（DNA、RNA）的生物合成。食物中虽含有丰富的核苷酸，但很少为机体所用，所以核苷酸不是人体健康所必需的营养物质。人体内的核苷酸主要由细胞自身合成。本章主要介绍两部分内容，

101

一是核苷酸的合成与分解过程，其分解和合成过程异常与某些疾病的发生及治疗密切相关；二是 DNA 和 RNA 的合成过程，前者包括 DNA 复制和逆转录过程，后者包括 RNA 的自我复制和转录，本章只介绍转录过程。

一、核酸的消化吸收

食物中的核酸多以核蛋白的形式存在。核蛋白在胃中受胃酸的作用，分解成核酸与蛋白质。核酸进入小肠后，受胰液和肠液中各种水解酶的作用逐步水解，产物均可被小肠黏膜细胞吸收（图 8-1）。进入体内的戊糖可参与戊糖代谢；嘌呤和嘧啶碱则主要被分解而排出体外。所以食物来源的嘌呤和嘧啶碱很少被机体利用。

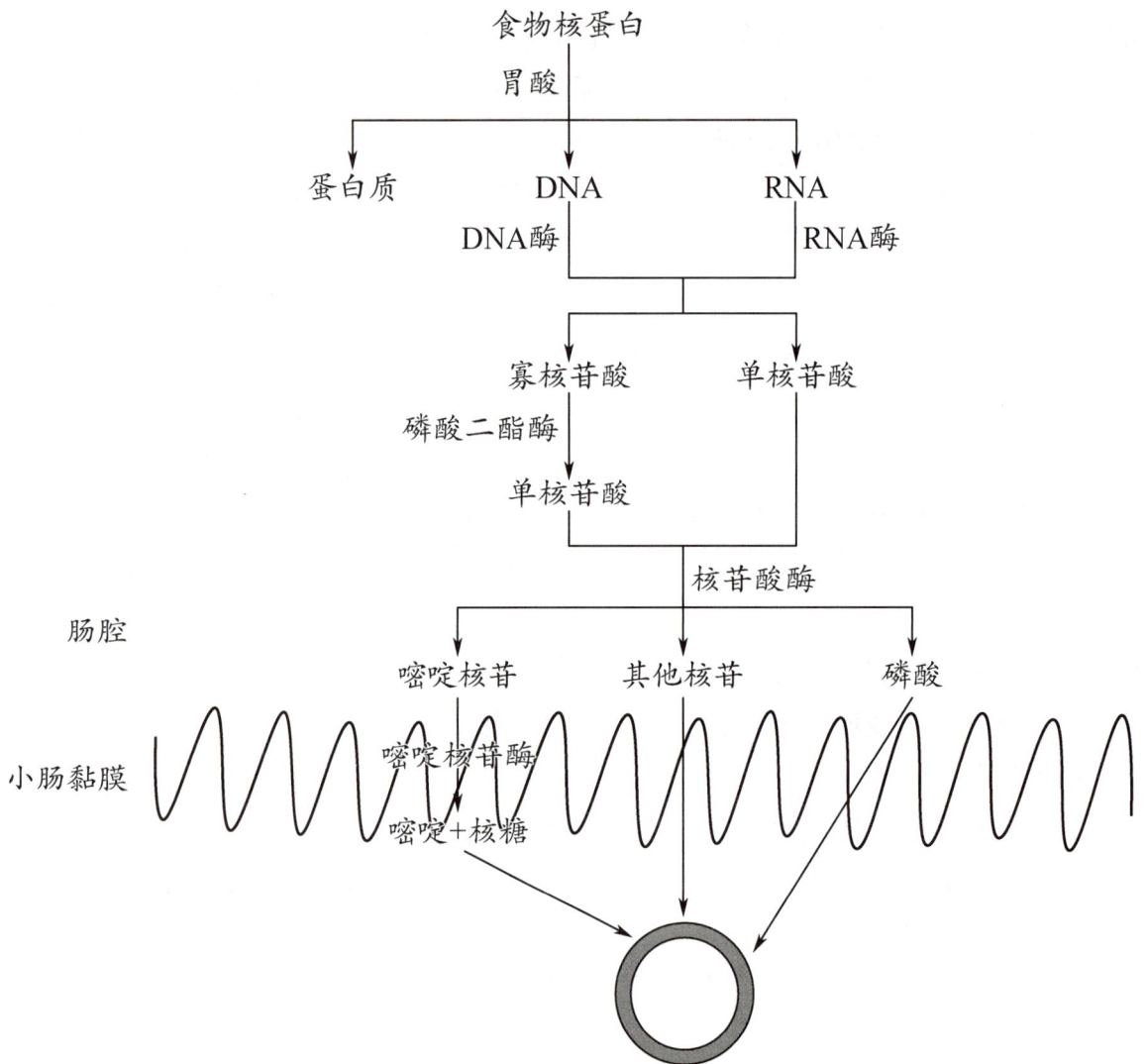

图 8-1　核酸的消化吸收

二、核苷酸代谢概况

食物中的核苷酸消化吸收后可以进入体内，外源性核酸和结构异常的内源性核酸在体内也可被核酸酶水解产生核苷酸。但是机体需要的核苷酸主要通过从头合成途径和补救合成途径自己合成，然后经由不同的途径合成DNA和RNA（图8-2）。

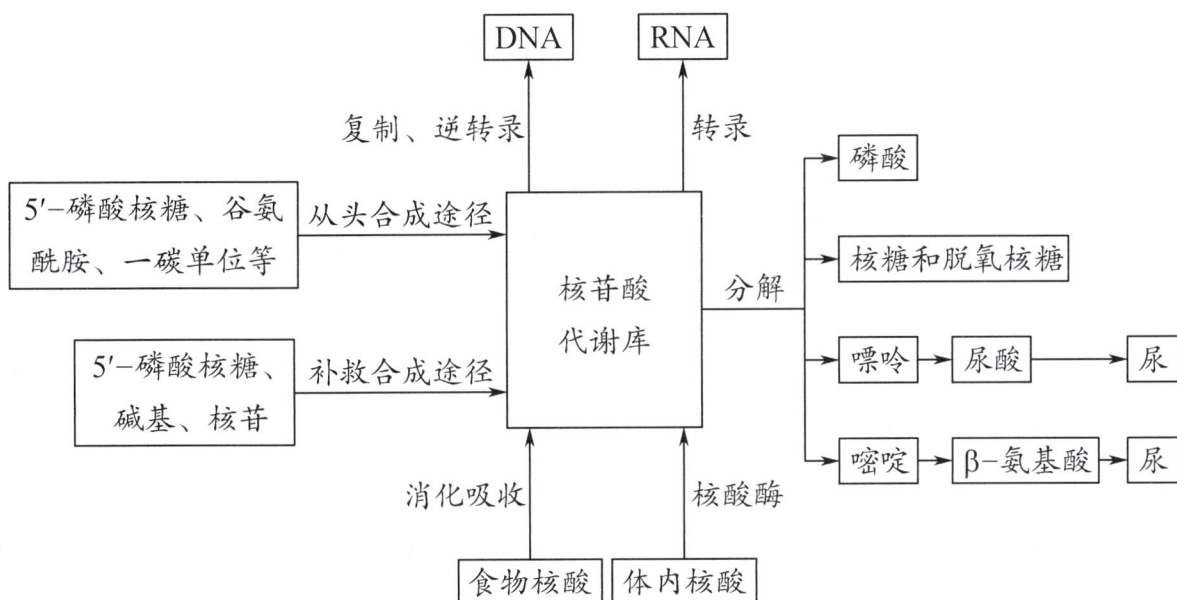

图8-2　核苷酸代谢概况

第二节　核苷酸代谢

一、核苷酸的分解

（一）嘌呤核苷酸的分解

嘌呤核苷酸的分解代谢主要在肝脏、小肠等器官中进行，被核苷酸酶和核苷磷酸化酶相继水解成核糖-1′-磷酸和嘌呤碱，前者经变位酶催化为核糖-5′-磷酸，可作为核苷酸合成的原料；嘌呤碱进一步分解，最终生成尿酸，随尿排出体外，所以尿酸是人体嘌呤分解代谢的终产物（图8-3）。

尿酸呈酸性，水溶性较差，当血浆中浓度超过0.48mmol/L时，尿酸盐晶体便沉积于关节、软骨、软组织和肾等处，导致关节炎、尿路结石及肾疾病等，称为痛风症。临床上治疗痛风的常用药物是别嘌醇，其结构与次黄嘌呤相似，通过竞争性抑制尿酸合成的关键酶黄嘌呤氧化酶，从而减少尿酸的生成。

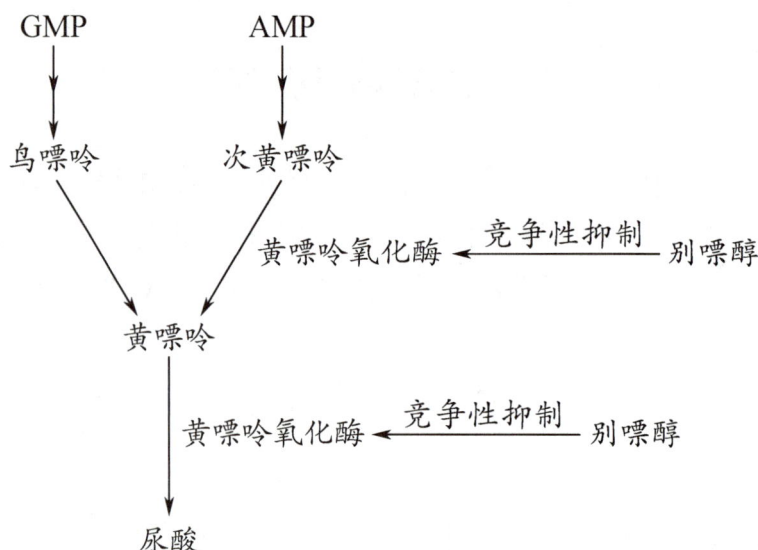

图 8-3　嘌呤核苷酸的分解代谢和别嘌醇的抑制作用

生化学而思

程先生，男，45 岁，2d 前的深夜因关节痛而惊醒，随后疼痛进行性加剧，呈撕裂样，难以忍受。入院查血尿酸为 0.62mmol/L。患者自述平时饮水较少，喜食火锅、浓汤、肥腻、甜食，少食蔬菜水果。

请思考：

1. 程先生可能患有何种疾病？

2. 饮食习惯与此病的发生有何关系？请给出科学的饮食指导。

（二）嘧啶核苷酸的分解

嘧啶核苷酸的分解代谢主要在肝中进行，首先脱去磷酸和核糖，产生嘧啶碱。嘧啶碱最终分解为 NH_3、CO_2、β- 丙氨酸和 β- 氨基异丁酸，后两者可随尿排出或进一步分解（图 8-4）。

二、核苷酸的合成

（一）核糖核苷酸的合成

体内核糖核苷酸的合成代谢有两种形式：从头合成途径和补救合成途径。两者的重要性因组织不同而异，一般情况下，从头合成途径是体内大多数组织合成核苷酸的主要途径；大脑、骨髓等少数组织只能进行补救合成。

1. 从头合成途径　指利用 5'- 磷酸核糖、某些氨基酸（谷氨酰胺、甘氨酸、天冬氨酸

```
        胞嘧啶                                    胸腺嘧啶
          │脱氨酶                                   │脱氢酶
          ↓                                        ↓
        尿嘧啶                                  二氢胸腺嘧啶
          │还原酶                                   │
          ↓                                        ↓
       二氢尿嘧啶                                β脲基异丁酸
          │                                        │  H₂O
          ↓                                        ↓↙
       β脲基丙酸                                              CH₃
          │  H₂O                                            │
          ↓↙                                    H₂N－CH₂－CH－COOH
  H₂N－CH₂－CH₂－COOH      ┌─────────────┐          β－氨基异丁酸
        β－丙氨酸          │  CO₂+NH₃    │
          │              └──────┬──────┘              │
          ↓                     ↓                     ↓
        乙酰COA              （尿素）               琥珀酰COA
          │                                           │
          ↓                                           ↓
              ╲──────→（三羧酸循环）←──────╱
```

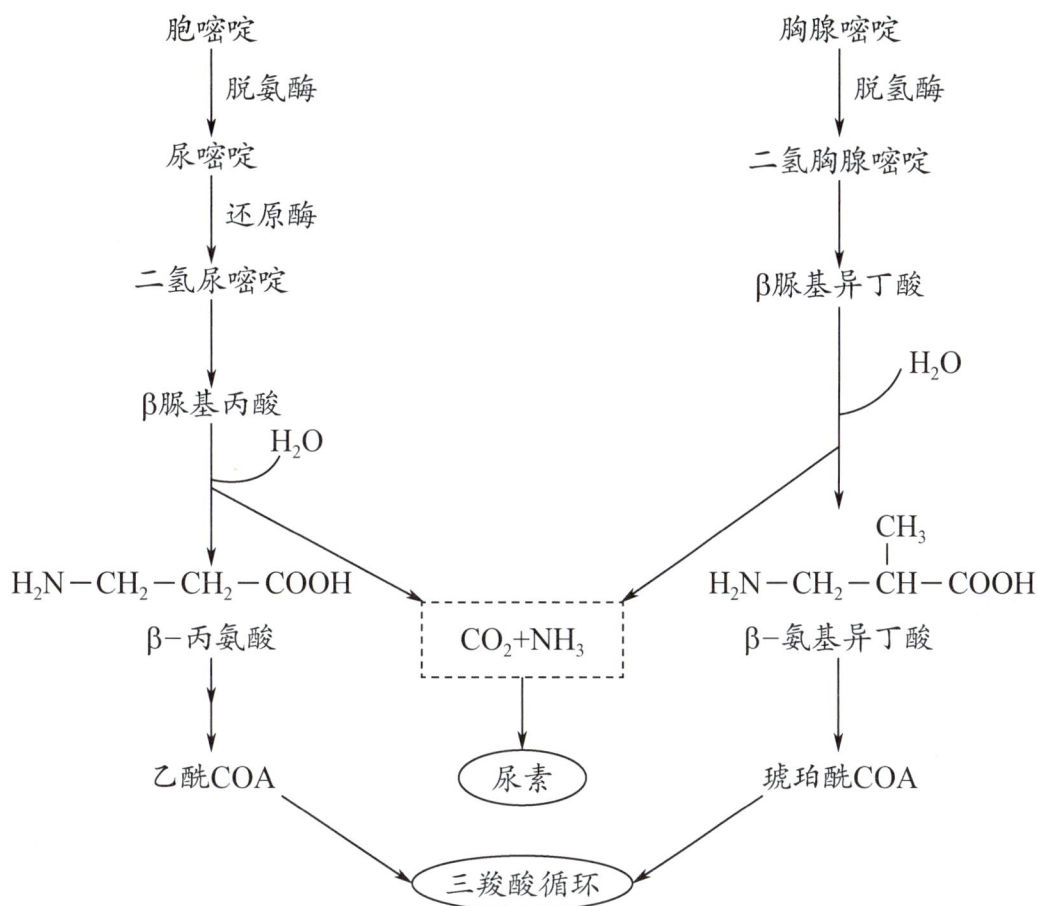

图 8-4　嘧啶碱的分解代谢

等）、一碳单位及 CO_2 等简单物质为原料，经过一系列酶促反应合成核苷酸的过程，其中 5′- 磷酸核糖（磷酸戊糖途径产生）需要活化为 5′- 磷酸核糖 -1′- 焦磷酸（PRPP）才能参与反应。嘌呤核苷酸与嘧啶核苷酸从头合成的主要区别在于前者是在 PRPP 的 C-1′ 上逐步合成嘌呤环，整个过程没有游离嘌呤的产生；而后者是先合成游离的嘧啶环，然后与 PRPP 的 C-1′ 相连，最终生成嘧啶核苷酸。

$$5′- 磷酸核糖 +ATP \xrightarrow{磷酸核糖焦磷酸合成酶} 5′- 磷酸核糖 -1′- 焦磷酸$$

2. 补救合成途径　指利用体内游离的碱基或核苷，经过简单的反应合成核苷酸的过程。包括两种途径：①利用游离存在的嘌呤或嘧啶，在 PRPP 提供磷酸核糖的基础上通过相应的磷酸核糖转移酶催化生成；②利用核苷在相应激酶催化下生成。

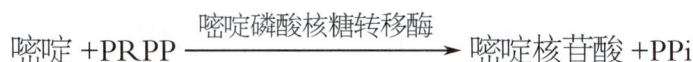

$$鸟嘌呤 +PRPP \xrightarrow{HGPRT} GMP+PPi$$

$$嘧啶 +PRPP \xrightarrow{嘧啶磷酸核糖转移酶} 嘧啶核苷酸 +PPi$$

$$核苷 \xrightarrow[\text{ATP} \quad \text{ADP}]{\text{激酶}} NMP$$

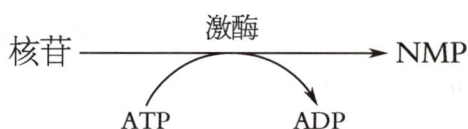

细胞分裂较旺盛的脑和骨髓只能通过补救合成途径来合成核糖核苷酸,不仅可以节省从头合成对能量和氨基酸的消耗,还可以极大地加快合成速度以满足需求。临床上 Lesch-Nyhan 综合征(或称自毁容貌症)就是由于先天性基因缺陷导致次黄嘌呤 – 鸟嘌呤磷酸核糖转移酶(HGPRT)缺失所引起。患儿表现为脑发育不全,智力低下,常咬伤自己的嘴唇、手和足趾。2 岁前发病,大多死于儿童时期,很少存活。

两种合成途径比较见表 8-1。

表 8-1 从头合成途径和补救合成途径比较

分类	部位	原料	特点
从头合成途径	肝、小肠黏膜、胸腺	$5'-$磷酸核糖、氨基酸、一碳单位及 CO_2 等	慢,需多步酶促反应;实质是合成碱基的过程
补救合成途径	大脑、骨髓	$5'-$磷酸核糖、碱基、核苷	快,一步酶促反应即可产生相应核苷酸

(二)脱氧核苷酸的合成

除 dTMP 外,体内的脱氧核糖核苷酸均由相应的核糖核苷二磷酸在核糖核苷酸还原酶的催化下生成。dTMP 则由 dUMP 经甲基化而生成,该反应由胸苷酸合酶催化,N^5,$N^{10}-$亚甲四氢叶酸提供甲基。

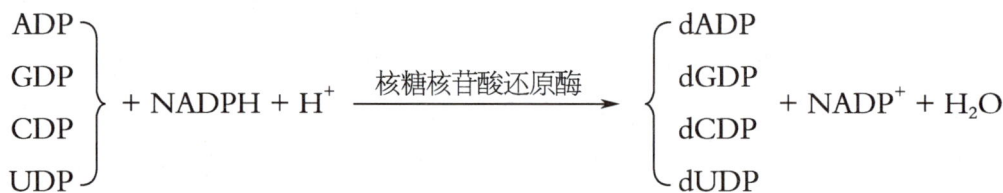

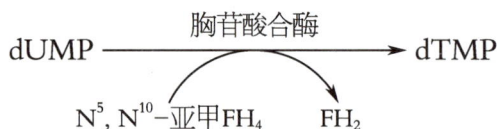

$$\left.\begin{array}{l} ADP \\ GDP \\ CDP \\ UDP \end{array}\right\} + NADPH + H^+ \xrightarrow{\text{核糖核苷酸还原酶}} \left\{\begin{array}{l} dADP \\ dGDP \\ dCDP \\ dUDP \end{array}\right. + NADP^+ + H_2O$$

$$dUMP \xrightarrow[N^5, N^{10}-\text{亚甲}FH_4 \quad FH_2]{\text{胸苷酸合酶}} dTMP$$

(三)核苷酸的抗代谢物

核苷酸的抗代谢物是一些碱基、氨基酸及叶酸的类似物,通过竞争性抑制核苷酸合成的某些步骤,阻止核酸与蛋白质的生物合成(表 8-2)。由于肿瘤细胞中核酸和蛋白质的合成十分旺盛,因此这些抗代谢物具有抗肿瘤的作用。需要指出的是,体内某些细胞分裂旺盛的正常组织(如骨髓)也可受上述代谢物的抑制,因而这些抗代谢物在抗肿瘤的同时,也会对机体产生很大的毒副作用。

表8-2 常见的核苷酸抗代谢物

分类	嘌呤类似物	嘧啶类似物	谷氨酰胺类似物	叶酸类似物	核苷类似物
类似物	6-巯基嘌呤	5-氟尿嘧啶	氮杂丝氨酸	氨蝶呤、氨甲蝶呤	阿糖胞苷
抑制机制	抑制嘌呤核苷酸的从头和补救合成	抑制胸苷酸合酶	抑制碱基的合成	抑制二氢叶酸还原酶	抑制CDP还原成dCDP

第三节　核酸的生物合成

　　DNA 是生物体内遗传信息的携带者,它通过特定的方式指导蛋白质的生物合成。以亲代 DNA 为模板合成子代 DNA 的过程称为 DNA 复制,它保证了遗传信息在亲代和子代之间的准确传递。DNA 主要存在于细胞核内,蛋白质却在细胞质中合成,而 DNA 是不可随意穿越核膜进入细胞质的,那细胞核内的遗传信息又是如何被带入细胞质去的呢? 1957 年, F.Crick 提出了揭示遗传信息传递规律的"中心法则"(图 8-5),即 DNA 上的遗传信息先转录成 mRNA, 在 rRNA 和 tRNA 的参与下,将信息再翻译成蛋白质。后来发现某些 RNA 病毒能以 RNA 为模板逆转录生成 DNA, 称逆转录。逆转录的发现进一步补充和完善了中心法则。

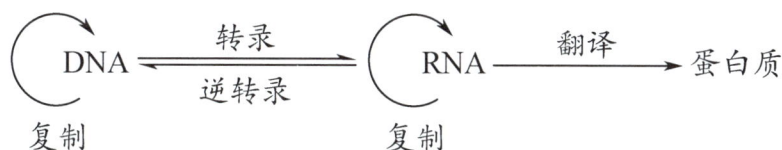

图8-5　遗传信息传递的中心法则

一、DNA 的生物合成

DNA 的生物合成方式主要包括复制和逆转录。复制是 DNA 生物合成的主要方式。

(一) DNA 复制

DNA 复制是指以亲代 DNA 为模板,按照碱基互补配对原则合成子代 DNA 的过程。

1. 主要复制特征

(1) 半保留复制: 在复制的过程中, DNA 双螺旋解开成为两条单链(母链),以每一条单链为模板,按照碱基配对规律(A-T, G-C)各自合成一条与之互补的新链(子链),形成两个结构和碱基序列完全一致的双链子代 DNA。在新合成的每一个子代 DNA 分子中，一条链来自亲代，另一条链是新合成的，这种复制方式称为半保留复制（图8-6）。半保留复制的意义是将DNA中储存的遗传信息准确无误地传递给子代，体现了遗传的保守性，是物种稳定的分子基础。

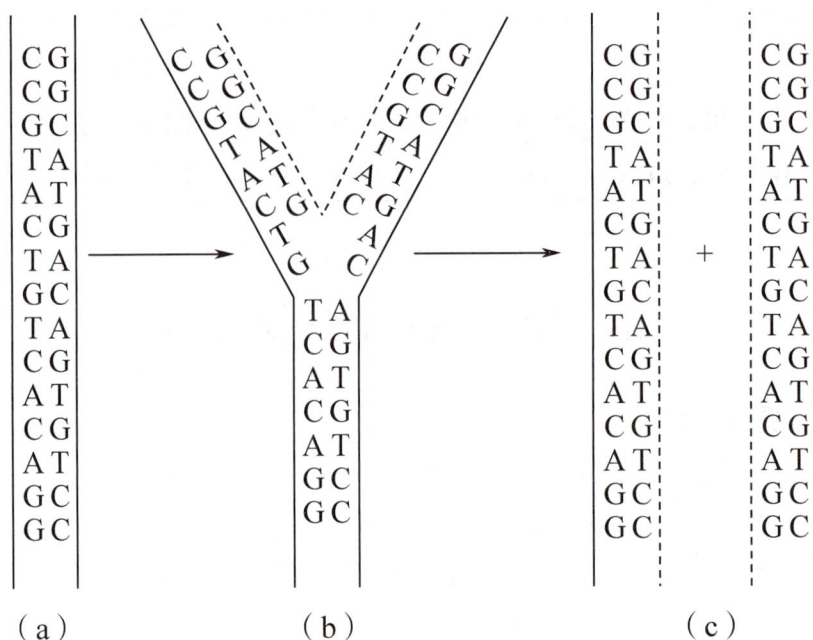

图8-6　DNA的半保留复制

亲子鉴定

亲子鉴定，是指运用生物学、遗传学等相关理论和技术，根据遗传性状在子代和亲代之间的遗传规律来判定亲权关系。遗传性状由位于细胞核内染色体上的基因所控制，而基因可稳定而保守地通过亲代传递给子代。目前使用最普遍的鉴定方法包括：血液鉴定方法、指甲鉴定方法、口腔拭子鉴定方法等。

（2）半不连续复制：作为模板的亲代两条DNA单链方向相反，而新链的延伸方向只能是 $5' \rightarrow 3'$，这就意味着两条模板链不可能同时复制。DNA复制时，一条链的合成与解链方向一致，可以连续合成，称为前导链；另一条链的合成需模板链解开一段序列，再返回合成（与解链方向相反），其合成是不连续的，称为后随链。后随链上不连续的片段称为冈崎片段，最后由DNA连接酶连成一条完整的DNA新链。前导链连续合成而后随链不连续合成的方式称为半不连续复制（图8-7）。

2. 复制所需条件

（1）原料：4种脱氧核苷三磷酸，即dATP、dTTP、dCTP、dGTP，简称dNTP。

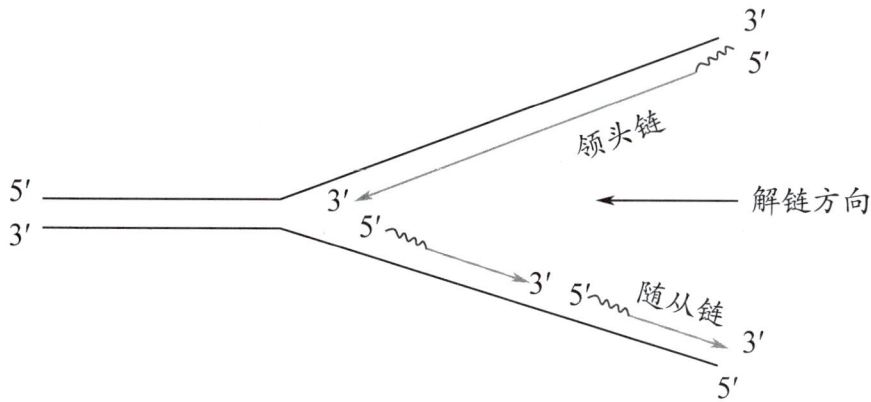

图 8-7　DNA 的半不连续复制

（2）模板：亲代 DNA 的两条单链均可作为 DNA 复制的模板。

（3）引物：DNA 聚合酶的 $5' \rightarrow 3'$ 聚合酶活性不能催化两个游离的 dNTP 直接进行聚合，因此第一个 dNTP 需添加到已有的小分子 RNA 的 $3'$-OH 末端，此 RNA 片段即被称为引物。

（4）酶和蛋白因子：①拓扑异构酶：改变 DNA 的超螺旋状态，缓解 DNA 复制过程中出现的打结、缠绕、连环等现象。②解旋酶：将 DNA 双螺旋间的氢键解开，使 DNA 双链局部解开成单链。③单链 DNA 结合蛋白（SSB）：与解开的 DNA 单链结合，防止单链重新形成双螺旋，保持模板的单链状态以便于复制。④引物酶：催化合成引物。⑤DNA 聚合酶：催化 4 种 dNTP 聚合为新生的 DNA 单链，新链的合成方向是 $5' \rightarrow 3'$。⑥DNA 连接酶：催化两条 DNA 片段上相邻的 $5'$- 磷酸和 $3'$- 羟基之间形成磷酸二酯键，从而将两个 DNA 片段连接起来。在复制过程中它可以将后随链上不连续的冈崎片段连接成一条完整的新链。

3. 原核生物的复制过程　分起始、延长和终止 3 个阶段。原核生物的复制过程见表 8-3。

表 8-3　原核生物的复制过程

过程	解决的问题	所需条件
起始	①获得单链模板	拓扑异构酶、解旋酶、SSB
	②合成引物	引物酶
延长	新链从 $5' \rightarrow 3'$ 延伸	DNA 聚合酶、4 种原料
终止	①切除引物	DNA 聚合酶
	②连接冈崎片段	DNA 连接酶

（二）逆转录

逆转录是指以 RNA 为模板合成 DNA 的过程。催化逆转录的酶称为逆转录酶，该酶主要存在于 RNA 病毒中。

逆转录酶主要有三种功能：①以 RNA 为模板合成互补的 DNA 单链（cDNA），生成 RNA-DNA 杂化双链；②水解杂化双链上的 RNA 链；③以 cDNA 为模板合成双链 DNA（图 8-8）。新合成的双链 DNA 带有 RNA 病毒基因组的遗传信息，可整合到宿主细胞的 DNA 基因组中，随宿主细胞遗传物质一起复制传代，并表达出相应蛋白质。由于逆转录酶没有 $3' \rightarrow 5'$ 外切酶活性，因此没有校读功能，逆转录过程的错误率相对较高，这可能也是致病病毒较快地出现新毒株的原因之一。

逆转录酶和逆转录现象，是分子生物学研究中的重大发现。它说明，RNA 同样兼有遗传信息传代和表达的功能，拓宽了人们对病毒致癌的理论。

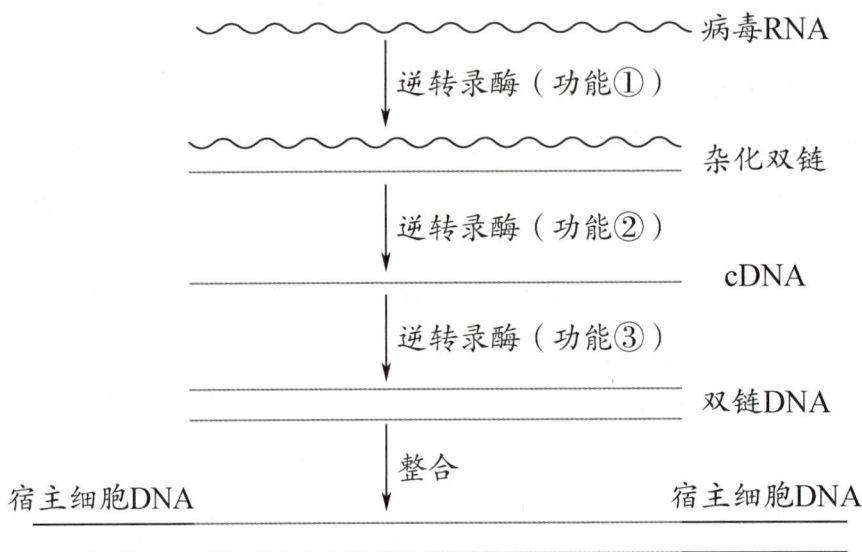

图 8-8　逆转录过程

知识拓展

艾滋病

获得性免疫缺陷综合征又称艾滋病，是由于感染人类免疫缺陷病毒（human immunodeficiency virus, HIV）而导致的一种危害极大的传染病。HIV 病毒属逆转录病毒的一种，一旦侵入机体细胞，将会和宿主细胞整合在一起终生难以消除。HIV 在人体内的潜伏期平均为 8～9 年，发病前可以没有任何症状地生活和工作多年。HIV 传播途径包括血液传播、性接触传播、垂直传播。与 HIV 感染者握手、拥抱、交谈、共同用餐、共用浴室等日常接触都不会感染 HIV。另外，遭受蚊虫叮咬也不会感染。

生化学而思

逆转录病毒侵入人体后很难清除，请结合逆转录酶的特点和功能思考其中的原因。

二、RNA 的生物合成

转录是合成 RNA 的主要方式,指以 DNA 为模板合成 RNA 的过程。此过程以一段 DNA 单链为模板,4 种 NTP 为原料,按碱基配对原则,在 RNA 聚合酶的催化下合成相应的 RNA,从而将 DNA 携带的遗传信息传递给 RNA。能够作为转录模板的 DNA 单链称为模板链,模板链对应的那条 DNA 单链称为编码链。

转录与 DNA 复制相比,有很多相似之处,如核苷酸链的合成方向、模板、碱基配对的原则、核苷酸之间的连接方式等,但它们之间又有区别(表 8-4)。

表8-4 复制和转录的区别

	复制	转录
模板	DNA 两条单链	DNA 的一条单链,称模板链
原料	dNTP	NTP
酶	DNA 聚合酶	RNA 聚合酶
配对	A-T, G-C	A-U, T-A, G-C
产物	子代双链 DNA	单链 RNA(mRNA、tRNA、rRNA)

真核生物转录生成的 RNA 是不具备生物活性及独立功能的前体 RNA,必须经过一系列加工修饰过程,才能变为成熟的、有活性的 RNA。加工过程主要在细胞核中进行,成熟 RNA 通过核孔运输到胞质中。

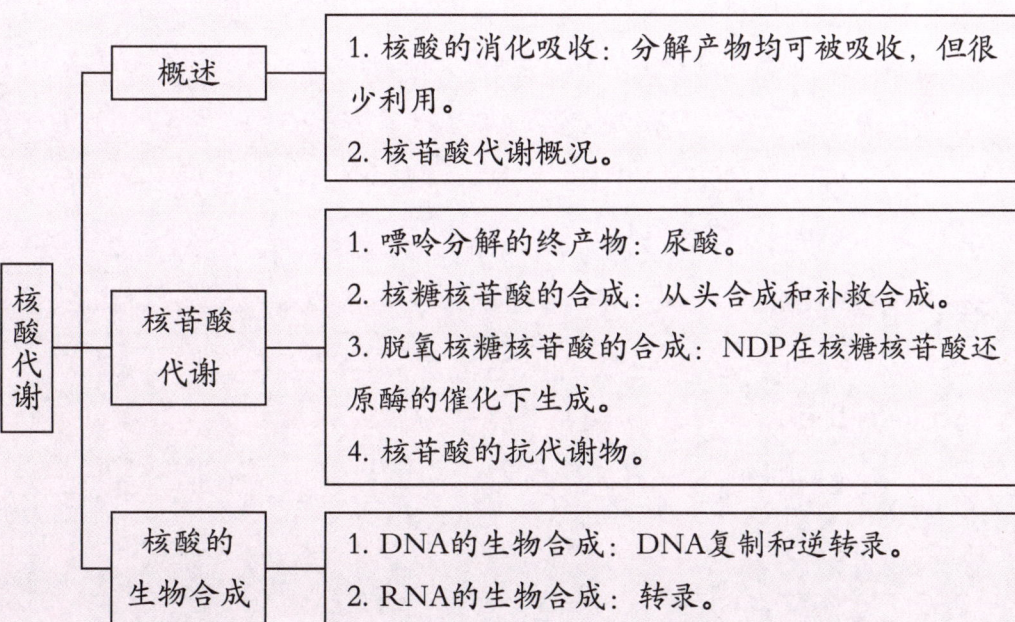

章末小结

核酸代谢	概述	1. 核酸的消化吸收:分解产物均可被吸收,但很少利用。 2. 核苷酸代谢概况。
	核苷酸代谢	1. 嘌呤分解的终产物:尿酸。 2. 核糖核苷酸的合成:从头合成和补救合成。 3. 脱氧核糖核苷酸的合成:NDP在核糖核苷酸还原酶的催化下生成。 4. 核苷酸的抗代谢物。
	核酸的生物合成	1. DNA的生物合成:DNA复制和逆转录。 2. RNA的生物合成:转录。

(徐 燕)

1. 痛风由何种物质升高引起？结合本章所学，尝试总结科学的饮食习惯。
2. 比较从头合成和补救合成的异同点及生理意义。
3. 比较DNA复制和转录的异同点。

第九章 | 蛋白质代谢

09章

09章 数字内容

学习目标

1. 具有高尚的医德、救死扶伤和为人类服务的奉献精神。
2. 掌握氨基酸的代谢概况、氨基酸的一般代谢。
3. 熟悉个别氨基酸的代谢、RNA在蛋白质生物合成中的作用。
4. 了解蛋白质的消化吸收、蛋白质的生物合成。
5. 学会运用生物化学知识分析和解决问题。

工作情景与任务

导入情景：

1. 患儿，男，11个月，出现了泌尿系统异常、营养不良等症状，医生诊断为三聚氰胺中毒。经调查，患儿从出生就一直服用某品牌奶粉，而在这种品牌的奶粉中添加了三聚氰胺。

2. 蛋白质缺乏容易引起营养不良、生长发育迟缓、贫血、抵抗力下降、脱发、肌肉重量减轻等症状，我国为了预防和改善人民蛋白质缺乏状况，增强人民体质，国家卫生健康委员会和中国营养学会制定出了合理膳食、均衡营养的方法，来达到补充人体需要的优质蛋白质作用。

工作任务：

1. 分析食用添加三聚氰胺奶粉的婴幼儿出现泌尿系统异常、营养不良的原因。
2. 分析蛋白质缺乏对人体健康的危害。

蛋白质是人体的重要组成成分，是生命的物质基础。氨基酸是构成蛋白质的基本单位，氨基酸的代谢是蛋白质分解代谢的中心内容，机体内细胞通过不停地把蛋白质分解成氨基酸和利用氨基酸合成蛋白质来完成蛋白质代谢过程。

第一节 概 述

一、蛋白质的消化吸收

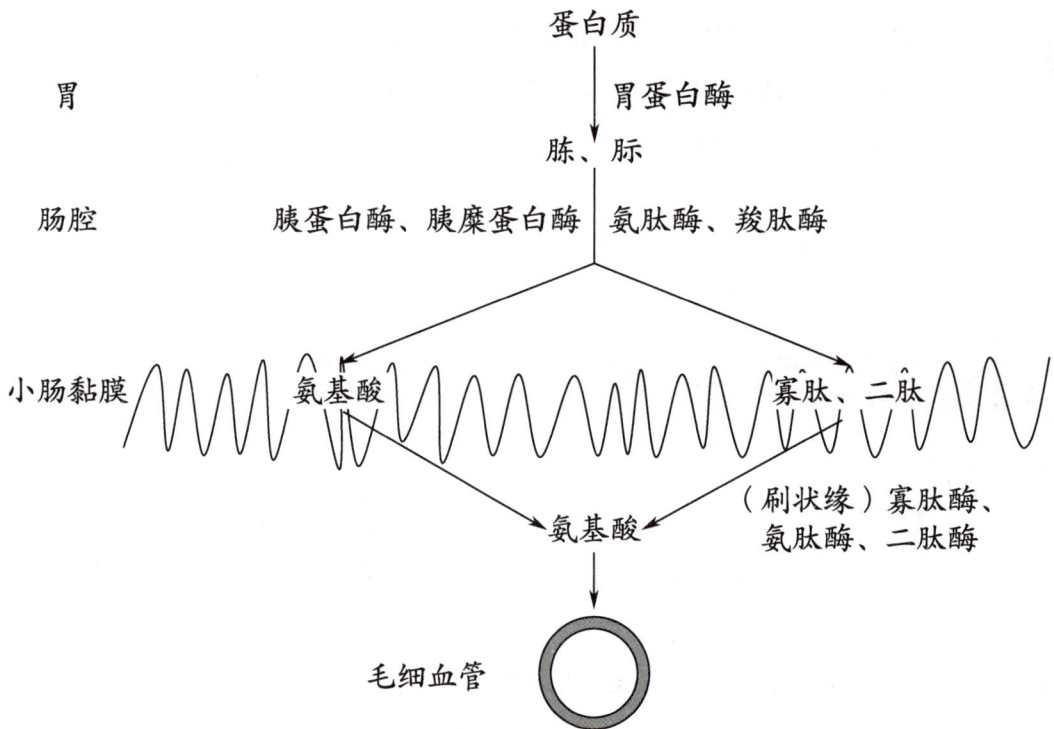

人体从食物中摄入的蛋白质需经过消化才能被吸收，否则会产生过敏反应。而未被消化吸收的部分则受到肠道细菌的作用发生腐败，大多数随粪便排出体外。

📖 知识拓展

蛋白质的消化吸收

蛋白质

胃   胃蛋白酶

胨、胜

肠腔   胰蛋白酶、胰糜蛋白酶   氨肽酶、羧肽酶

小肠黏膜   氨基酸   寡肽、二肽

（刷状缘）寡肽酶、
氨肽酶、二肽酶

氨基酸

毛细血管

（一）蛋白质的消化

蛋白质的消化部位是胃和小肠，在胃和小肠受消化液中多种酶的催化，水解成氨基酸和少量寡肽，才能被吸收。

（二）蛋白质的吸收

蛋白质消化的终产物为氨基酸和寡肽（主要为二肽和三肽），被小肠黏膜吸收，寡肽吸收进入小肠黏膜细胞后，被细胞液中二肽酶和三肽酶继续水解成游离氨基酸，然后进入血液循环。

二、氨基酸代谢概况

食物蛋白质经消化而被吸收的氨基酸称为外源性氨基酸，组织蛋白质分解的氨基酸以及体内合成的非必需氨基酸称为内源性氨基酸，两类氨基酸在体液中共同构成氨基酸代谢库。代谢库内氨基酸的去路有：合成组织蛋白质，这是氨基酸的最主要去路；转变为其他含氮化合物；通过脱氨基作用生成氨和 α- 酮酸；通过脱羧基作用生成胺类和 CO_2。体内氨基酸代谢概况见图9-1。

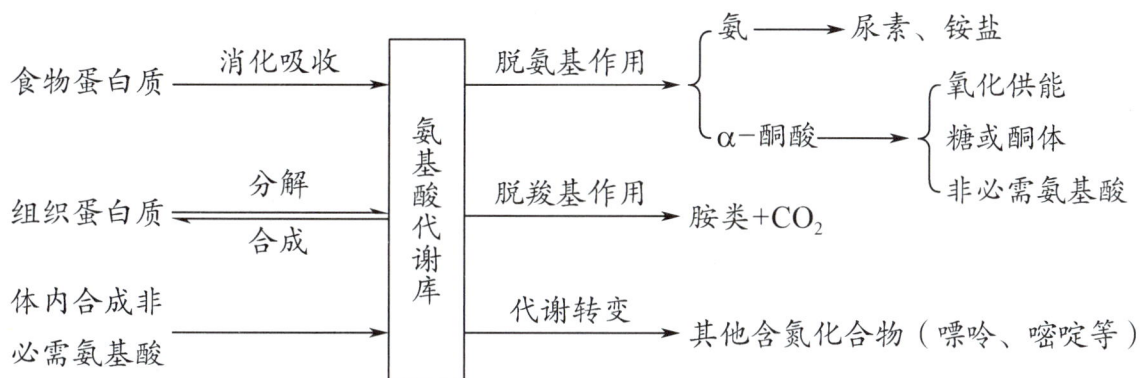

图9-1 氨基酸代谢概况

第二节 氨基酸代谢

一、氨基酸的一般代谢

（一）氨基酸的脱氨基作用

氨基酸分解代谢的主要途径是通过脱氨基作用生成氨和 α- 酮酸。脱氨基作用的主要方式有：氧化脱氨基作用、转氨基作用和联合脱氨基作用等，其中联合脱氨基作用最为重要。

1. 氧化脱氨基作用　是指氨基酸在氨基酸氧化酶作用下，先氧化脱氢后加水，生成 NH_3 和 α- 酮酸的过程。

体内的氨基酸氧化酶有多种，其中以谷氨酸脱氢酶最重要，其催化的反应如下：

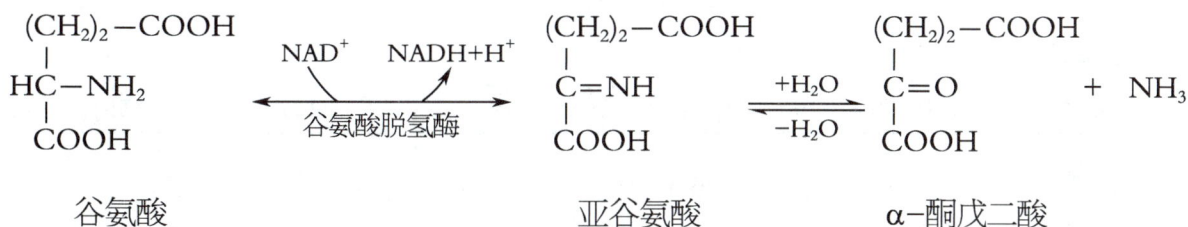

谷氨酸脱氢酶是以 NAD^+ 为辅酶的不需氧脱氢酶,特异性强,分布广泛,肝、肾、脑等组织中含量多,且活性强,但心肌和骨骼肌中含量极少。此酶催化的反应是可逆反应。

2. 转氨基作用　是在转氨酶的催化下,α- 氨基酸的氨基转移到 α- 酮酸的酮基上生成相应的氨基酸,原来的氨基酸脱掉氨基则转变为相应 α- 酮酸的过程。

体内转氨酶种类多、分布广,其中较为重要的是丙氨酸转氨酶(ALT)和天冬氨酸转氨酶(AST),它们分别催化下列反应:

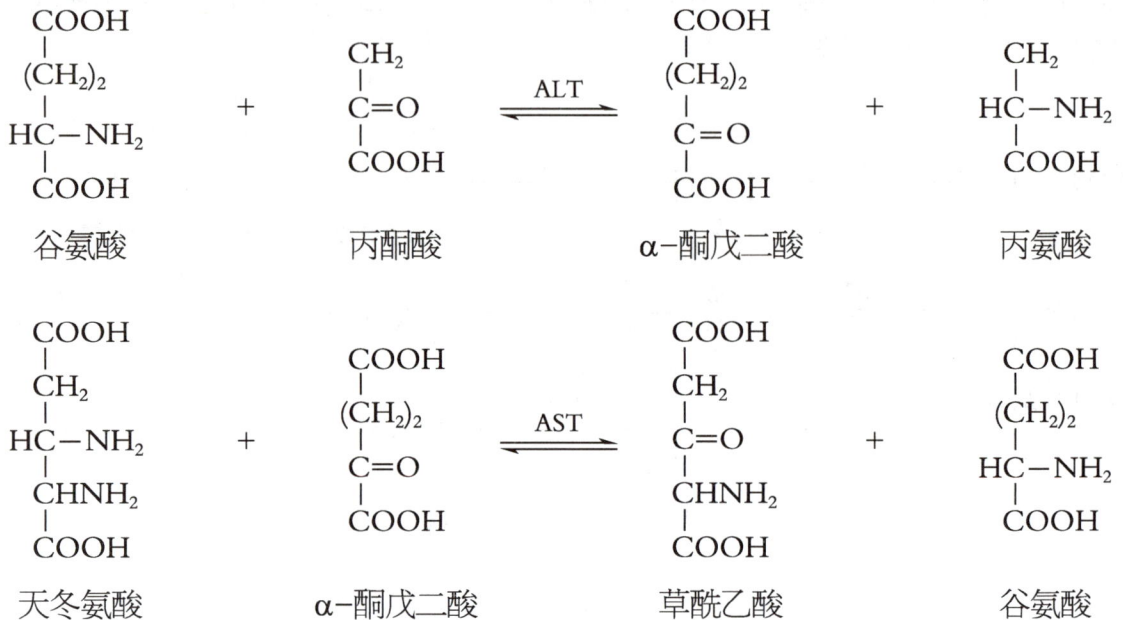

转氨酶为胞内酶,正常人血清中活性很低,它们在不同组织中的活性相差很远(表 9-1)。ALT 在肝细胞中活性最高,AST 在心肌细胞中活性最高。当某种原因使细胞膜的通透性增大或细胞破损时,细胞内的转氨酶大量释放入血,引起血清转氨酶活性升高。如急性肝炎患者血清中 ALT 活性显著升高,急性心肌梗死患者血清中 AST 明显升高。因此,临床上测定血清中 AST 和 ALT 的活性,可作为疾病诊断和观察疗效的重要指标。

表 9-1　正常人组织中 ALT 和 AST 的活性

单位:U/g 湿组织

组织	ALT	AST	组织	ALT	AST
心	7 100	156 000	胰腺	2 000	2 800
肝	44 000	142 000	脾	1 200	1 400
骨骼肌	4 800	99 000	肺	700	1 000
肾	19 000	91 000	血液	16	20

3. 联合脱氨基作用　是指氨基酸在两种以上酶的联合催化下进行的脱氨基作用。

(1)转氨酶与谷氨酸脱氢酶的联合脱氨基作用:体内绝大多数氨基酸的脱氨基作用,

是先在转氨酶的催化下，氨基酸与 α-酮戊二酸进行转氨基作用，生成相应的 α-酮酸及谷氨酸，然后谷氨酸在谷氨酸脱氢酶作用下，脱去氨基再生成 α-酮戊二酸（图 9-2）。这是体内最主要的脱氨基方式，主要在肝、肾、脑等组织进行。其逆过程也是体内合成非必需氨基酸的主要途径。

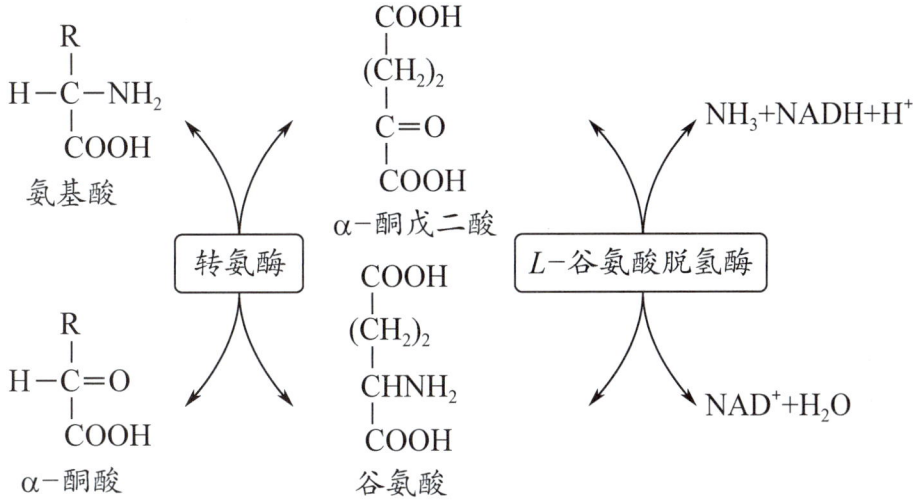

图 9-2　转氨酶与谷氨酸脱氢酶的联合脱氨基作用

（2）嘌呤核苷酸循环：骨骼肌和心肌中谷氨酸脱氢酶活性很低，氨基酸脱氨基作用主要通过嘌呤核苷酸循环完成（图 9-3）。

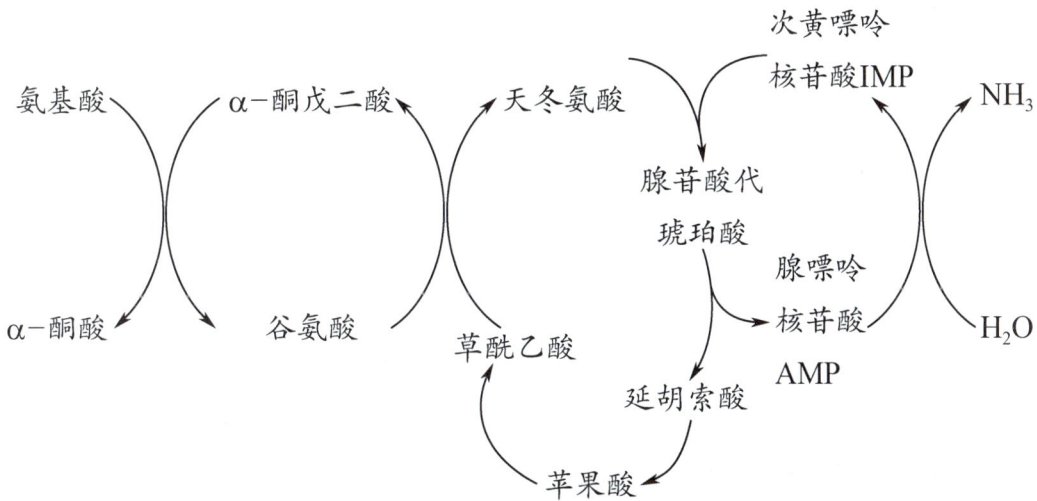

图 9-3　嘌呤核苷酸循环

（二）氨代谢

氨是一种对机体有毒的物质，尤其是神经系统更敏感。例如给家兔静脉注射氯化铵，当血氨浓度达 5mg/dl 时，家兔即中毒死亡。正常情况下，体内氨不发生堆积中毒，是由于体内有较强的解除氨毒的代谢机制，使血氨的来源和去路保持动态平衡（图 9-4），血氨浓度维持相对恒定。正常人血浆中氨的水平很低，含量一般不超过 0.06mmol／L。

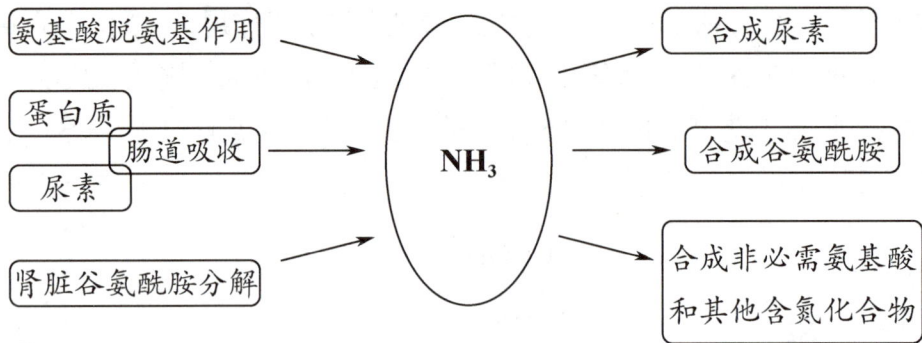

图 9-4　血氨的来源和去路

1. 氨（NH_3）的来源

（1）氨基酸分解代谢产生的氨：体内氨的主要来源是通过氨基酸的脱氨基作用产生，部分来自氨基酸脱羧基产生的胺类经胺氧化酶催化分解产生。

（2）肠道吸收的氨：肠道吸收的氨主要有两个来源。一部分是肠道未消化的蛋白质和未吸收的氨基酸经肠道细菌的作用产生的氨。另一部分是血液中尿素渗透到肠道，在大肠埃希菌产生的脲酶作用下生成的氨。自肠道吸收的氨较多，每天约为 4g。

氨主要在结肠吸收，肠道对氨的吸收受肠液 pH 的影响。当肠液 pH<6 时，NH_3 与 H^+ 形成 NH_4^+，不易被吸收而随粪便排出体外；pH>6 时，NH_3 大量扩散入血，氨的吸收增强。因此，临床上对高血氨患者常用弱酸溶液进行结肠透析，而禁用碱性肥皂水灌肠，以减少氨的吸收。

（3）肾脏产生的氨：肾小管上皮细胞中的谷氨酰胺在谷氨酰胺酶的催化下水解生成谷氨酸和氨。这些 NH_3 分泌到肾小管管腔与尿液中 H^+ 结合成 NH_4^+ 随尿排出。碱性尿时，分泌到肾小管管腔的 NH_3 减少而进入血液，使血氨浓度升高。因此，临床上治疗肝硬化腹水的患者不宜使用碱性利尿药，以防血氨增高。

2. 氨的主要去路

（1）合成尿素：是氨的最主要去路。肝脏是合成尿素的主要器官，合成尿素的途径称为鸟氨酸循环，以 NH_3 和 CO_2 为合成原料，具体反应过程分四步。

1）氨基甲酰磷酸的合成，在线粒体中的氨基甲酰磷酸合成酶 I 的催化下，NH_3 和 CO_2 首先合成氨基甲酰磷酸，同时消耗 2 分子 ATP。

2）瓜氨酸的合成，在线粒体内，经鸟氨酸氨基甲酰转移酶催化，氨基甲酰磷酸与鸟氨酸反应合成瓜氨酸，后者通过线粒体内膜运送至胞质中。

3）精氨酸的合成，在胞质中，瓜氨酸与天冬氨酸在精氨酸代琥珀酸合成酶的催化下，消耗 2 个高能磷酸键，生成精氨酸代琥珀酸，再经精氨酸代琥珀酸裂解酶催化，生成精氨酸和延胡索酸。

4）尿素的生成，在精氨酸酶的催化下，精氨酸水解生成尿素和鸟氨酸。尿素是水溶性的无毒物质，主要由肾脏排出。鸟氨酸再进入线粒体参与瓜氨酸的合成，如此循环往复（图 9-5）。

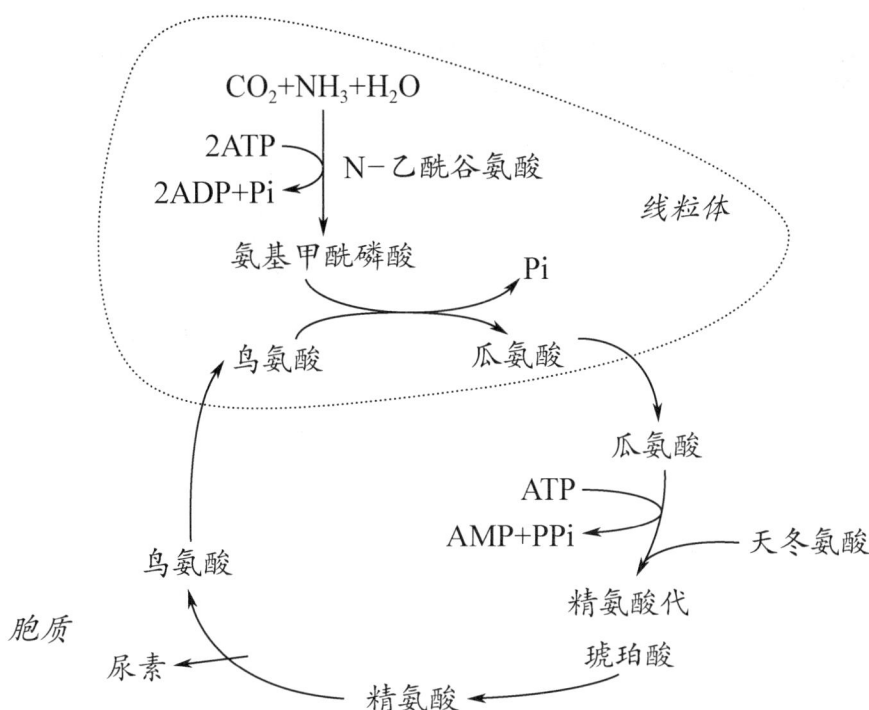

$$CO_2+NH_3+H_2O$$

2ATP

2ADP+Pi

N−乙酰谷氨酸

线粒体

氨基甲酰磷酸

Pi

鸟氨酸

瓜氨酸

瓜氨酸

ATP

AMP+PPi

天冬氨酸

精氨酸代

鸟氨酸

琥珀酸

胞质

尿素

精氨酸

图 9-5　鸟氨酸循环

在上述反应中,尿素分子中的两个氨基,一个由氨提供,另一个来自天冬氨酸,而天冬氨酸也是由其他氨基酸通过转氨基作用产生。因此,尿素分子中的两个氨基均直接或间接来自各种氨基酸。合成 1 分子尿素需消耗 3 分子 ATP,4 个高能磷酸键。鸟氨酸、瓜氨酸、精氨酸是鸟氨酸循环的中间产物,对循环有促进作用。故临床上常用精氨酸治疗高血氨。

鸟氨酸循环具有重要的生理意义:肝脏通过鸟氨酸循环将有毒的氨转化为无毒的尿素,经肾脏排出体外,这是机体解氨毒的主要方式。

(2)谷氨酰胺的生成:在脑、肌肉等组织中,氨和谷氨酸在谷氨酰胺合成酶催化下反应生成谷氨酰胺。谷氨酰胺由血液运至肾脏分解为谷氨酸和氨。所以谷氨酰胺的合成,既是机体解除氨毒的重要形式,又是氨的储存及运输形式;谷氨酰胺还是蛋白质、嘌呤碱和嘧啶碱等物质的合成原料。

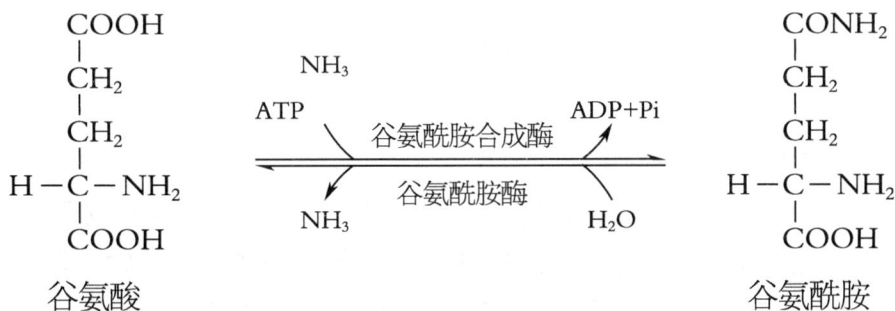

COOH		CONH_2
CH_2	NH_3　　　　　　　　ADP+Pi	CH_2
CH_2	ATP　　谷氨酰胺合成酶	CH_2
H−C−NH_2	───谷氨酰胺酶───	H−C−NH_2
COOH	NH_3　　　　　　　H_2O	COOH
谷氨酸		谷氨酰胺

(3)氨代谢的其他途径:氨通过脱氨基作用的逆过程合成非必需氨基酸,以及参与嘌呤、嘧啶等含氮物质的合成。

高氨血症和氨中毒

氨的最主要去路是在肝中合成尿素，当肝功能严重受损时，尿素合成障碍，血氨浓度升高，称为高氨血症。进入脑组织的氨增多时，脑组织原有的谷氨酸不足以将过量的氨转变成谷氨酰胺来解氨毒，因此，脑组织动用 α- 酮戊二酸来与过量的氨结合生成谷氨酸，导致三羧酸循环中的 α- 酮戊二酸减少而减弱，使脑组织中 ATP 生成减少，能量缺乏，引起大脑功能障碍，严重时产生昏迷，称为肝性脑病。

（三）α- 酮酸的代谢

1. 合成非必需氨基酸　α- 酮酸可通过脱氨基作用的逆过程，重新合成相应的非必需氨基酸。

2. 转变成糖或脂肪　体内的氨基酸经脱氨基作用后生成的 α- 酮酸可转变为糖和脂肪。能转变为糖的氨基酸称为生糖氨基酸；能转变为酮体的氨基酸称为生酮氨基酸；既能转变为糖也能生成酮体的氨基酸称为生糖兼生酮氨基酸（表 9-2）。

3. 氧化供能　α- 酮酸在体内可通过三羧酸循环和氧化磷酸化彻底氧化生成 CO_2 和 H_2O，并释放能量。

表 9-2　生糖、生酮氨基酸分类

类别	氨基酸
生糖氨基酸	甘氨酸、丝氨酸、缬氨酸、组氨酸、精氨酸、半胱氨酸、脯氨酸、丙氨酸、谷氨酸、谷氨酰胺、天冬氨酸、天冬酰胺、甲硫氨酸
生酮氨基酸	亮氨酸、赖氨酸
生糖兼生酮氨基酸	异亮氨酸、苯丙氨酸、酪氨酸、苏氨酸、色氨酸

二、个别氨基酸的代谢

（一）氨基酸的脱羧基作用

氨基酸的脱羧基作用是指在氨基酸脱羧酶的催化下，氨基酸脱去羧基生成相应的胺类和 CO_2 过程。在生理浓度时，这些胺类常具有重要生理作用。若体内蓄积，则会引起神经系统和心脑血管功能紊乱。体内广泛存在胺氧化酶，能将胺类氧化为相应的醛，醛再继续氧化为酸，从而避免胺类在体内的蓄积中毒。下面介绍几种重要的胺类物质。

1. γ- 氨基丁酸　在谷氨酸脱羧酶的作用下，谷氨酸脱去羧基生成 γ- 氨基丁酸。脑组织中γ-氨基丁酸浓度较高,其作用是抑制突触传导,是一种抑制性神经递质。

$$\text{谷氨酸} \xrightarrow[\text{磷酸吡哆醛}]{\text{谷氨酸脱羧酶}} \gamma\text{-氨基丁酸} + CO_2$$

COOH
|
(CH₂)₂
|
H—C—NH₂
|
COOH
谷氨酸

COOH
|
(CH₂)₂
|
CH₂NH₂
γ-氨基丁酸

2. 组胺　在组氨酸脱羧酶的作用下,组氨酸脱去羧基生成组胺。组胺是一种强烈的血管扩张剂,可引起血管扩张,增加毛细血管通透性,导致局部水肿、血压下降,甚至休克。组胺还可促进平滑肌收缩,引起支气管痉挛而导致哮喘。此外,组胺还可刺激胃蛋白酶和胃酸的分泌。

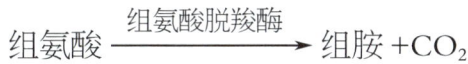

$$\text{组氨酸} \xrightarrow{\text{组氨酸脱羧酶}} \text{组胺} + CO_2$$

3. 5-羟色胺　色氨酸先在色氨酸羟化酶催化下生成 5-羟色氨酸,再经 5-羟色氨酸脱羧酶催化生成 5-羟色胺。脑组织中的 5-羟色胺是一种抑制性神经递质,外周组织中的 5-羟色胺有强烈收缩血管作用。

$$\text{色氨酸} \xrightarrow{\text{色氨酸羟化酶}} 5\text{-羟色氨酸} \xrightarrow{5\text{-羟色氨酸脱羧酶}} 5\text{-羟色胺}$$

4. 多胺　多胺主要有亚精胺和精胺,由鸟氨酸脱羧产生。鸟氨酸在鸟氨酸脱羧酶作用下生成腐胺,腐胺在 S-腺苷甲硫氨酸参与下,经丙胺转移反应生成亚精胺和精胺。多胺能促进核酸和蛋白质合成,具有调节细胞生长的作用。研究表明,生长旺盛的组织(胚胎、再生肝、肿瘤组织)中,多胺含量均较高。故临床测定血、尿中多胺含量可作为癌症患者辅助诊断和观察病情的生化指标之一。

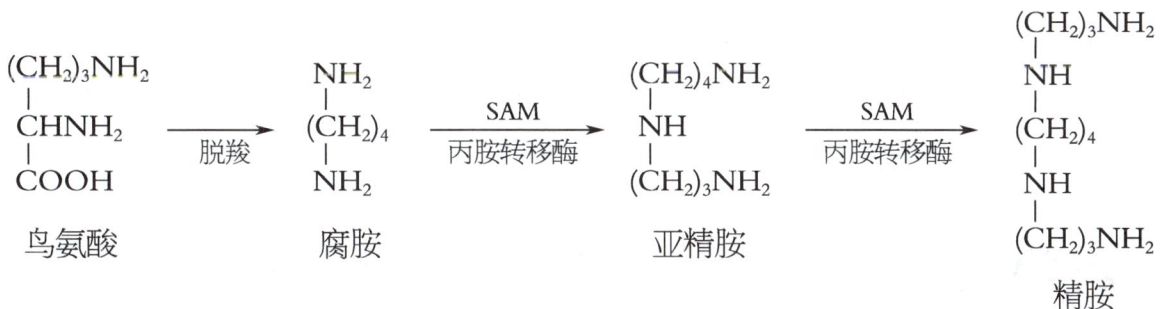

(CH₂)₃NH₂
|
CHNH₂
|
COOH
鸟氨酸

→脱羧→

NH₂
|
(CH₂)₄
|
NH₂
腐胺

→ SAM 丙胺转移酶 →

(CH₂)₄NH₂
|
NH
|
(CH₂)₃NH₂
亚精胺

→ SAM 丙胺转移酶 →

(CH₂)₃NH₂
|
NH
|
(CH₂)₄
|
NH
|
(CH₂)₃NH₂
精胺

（二）一碳单位的代谢

1. 一碳单位的概念　某些氨基酸分解代谢产生的含有一个碳原子的基团,称为一碳单位。如甲基($-CH_3$)、亚甲基($-CH_2-$)、次甲基($-CH=$)、甲酰基($-CHO$)和亚氨甲基($-CH=NH$)等。

2. 一碳单位的载体　一碳单位不能游离存在,需与载体结合而转运,四氢叶酸(FH_4)是一碳单位的载体。

3. 一碳单位的来源及相互转变　　一碳单位主要来自甘氨酸、丝氨酸、色氨酸和组氨酸的分解代谢。一碳单位生成后随即连接在 FH_4 分子上。来自不同氨基酸的一碳单位与 FH_4 结合，在酶的催化下通过氧化、还原等反应，可以互相转变（图9-6）。

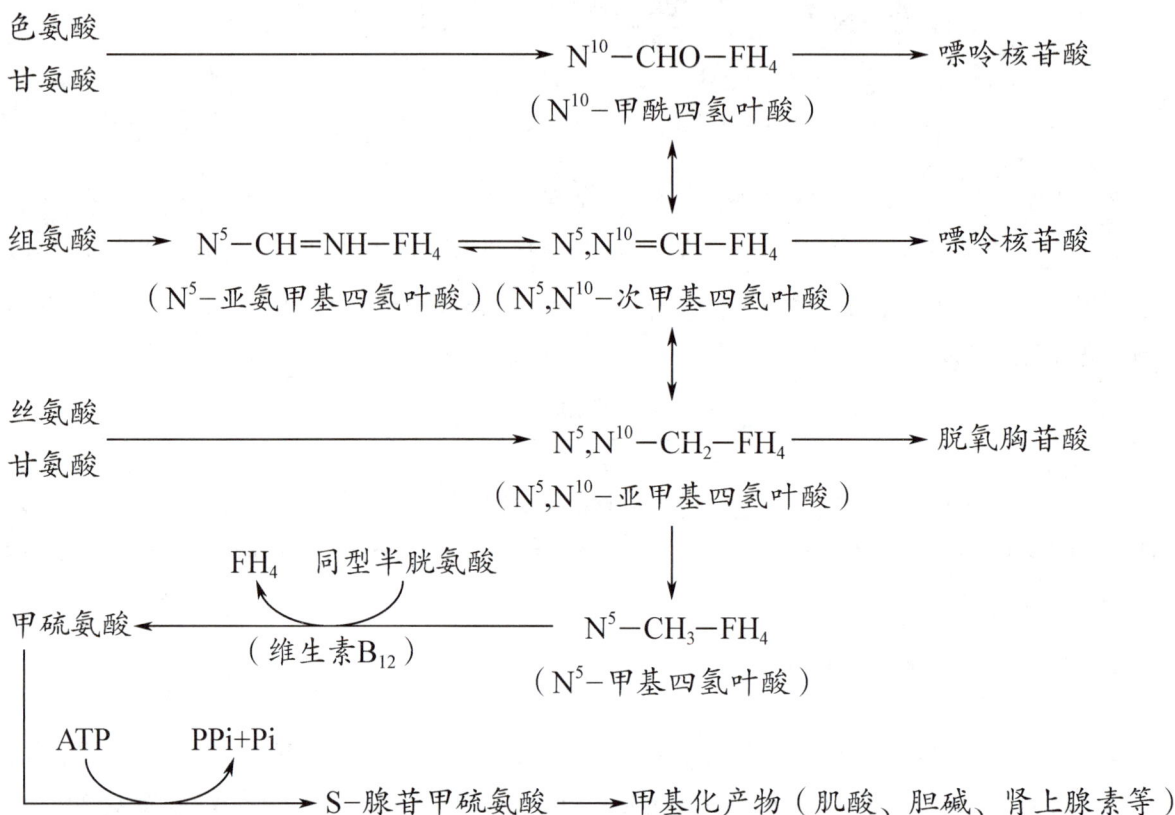

色氨酸
甘氨酸　——————————————————→　$N^{10}-CHO-FH_4$　——→　嘌呤核苷酸
　　　　　　　　　　　　　　　　　（$N^{10}-$甲酰四氢叶酸）

组氨酸 ——→ $N^5-CH=NH-FH_4$ ⇌ $N^5,N^{10}=CH-FH_4$ ——→ 嘌呤核苷酸
　　　　　（N^5-亚氨甲基四氢叶酸）（$N^5,N^{10}-$次甲基四氢叶酸）

丝氨酸
甘氨酸　——————————————————→　$N^5,N^{10}-CH_2-FH_4$　——→　脱氧胸苷酸
　　　　　　　　　　　　　　　　　（$N^5,N^{10}-$亚甲基四氢叶酸）

　　　　　FH_4　同型半胱氨酸
甲硫氨酸 ←————————————— $N^5-CH_3-FH_4$
　　　　　（维生素B_{12}）　　　　（N^5-甲基四氢叶酸）

ATP　　PPi+Pi
├———————→ S-腺苷甲硫氨酸 ——→ 甲基化产物（肌酸、胆碱、肾上腺素等）

图9-6　一碳单位的来源及相互转变

4. 一碳单位的生理功能

（1）合成核苷酸的原料：一碳单位作为细胞合成嘌呤核苷酸、嘧啶核苷酸的原料，参加核酸的合成，与细胞的增殖、组织的生长等密切相关。如果人体缺乏叶酸，一碳单位无法正常转运，核苷酸合成障碍，导致红细胞DNA及蛋白质合成受阻，产生巨幼细胞贫血。

（2）一碳单位是氨基酸代谢与核酸代谢联系的枢纽。

生化学而思

通过大量的临床研究，国家卫生健康委员会推荐女性在妊娠前三个月，以及在妊娠头三个月内，需要服用小剂量叶酸，为了保证这项工作的圆满完成，国家在街道、社区、医院等许多机构设置叶酸免费发放点，免费为适龄女性发放叶酸，并指导她们按剂量服用。

请思考：

1. 分析叶酸起什么作用。

2. 分析为什么孕妇在孕前和孕早期要补充叶酸。

（三）芳香族氨基酸的代谢

芳香族氨基酸包括苯丙氨酸、酪氨酸和色氨酸。其中苯丙氨酸可以转化为酪氨酸，两者在体内可生成多种生物活性物质。

1. 苯丙氨酸代谢　正常情况下，苯丙氨酸在苯丙氨酸羟化酶的催化下，羟化生成酪氨酸，再进一步代谢，但酪氨酸不能转变为苯丙氨酸。

若先天性缺乏苯丙氨酸羟化酶，使苯丙氨酸不能正常代谢，苯丙氨酸可在体内蓄积，导致过量的苯丙氨酸经旁路生成苯丙酮酸，引起血及尿中苯丙酮酸浓度升高，临床上称为苯丙酮酸尿症（PKU）。苯丙酮酸为酸性物质在血中堆积可毒害中枢神经系统，引起患儿智力发育障碍。

2. 酪氨酸的代谢

（1）儿茶酚胺的生成：在神经组织和肾上腺髓质，酪氨酸经羟化、脱羧等反应转变为多巴胺、去甲肾上腺素和肾上腺素等儿茶酚胺类神经递质和激素，在代谢中具有重要作用。

$$酪氨酸 \xrightarrow[\text{（神经组织、肾上腺髓质）}]{\text{酪氨酸羟化酶}} 多巴 \longrightarrow 多巴胺 \longrightarrow 去甲肾上腺素 \longrightarrow 肾上腺素$$

（2）黑色素的生成：酪氨酸在酪氨酸羟化酶的催化下生成多巴，多巴在酪氨酸酶的催化下脱氢生成多巴醌，最终转化为黑色素，成为毛发、皮肤及眼球的色素。先天性缺乏酪氨酸酶，黑色素合成障碍，将导致白化病。

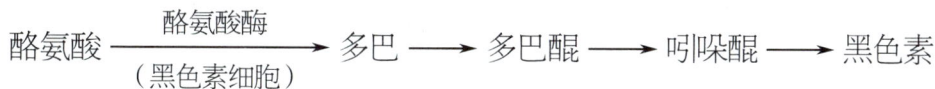

$$酪氨酸 \xrightarrow[\text{（黑色素细胞）}]{\text{酪氨酸酶}} 多巴 \longrightarrow 多巴醌 \longrightarrow 吲哚醌 \longrightarrow 黑色素$$

苯丙氨酸和酪氨酸的代谢途径见图9-7。

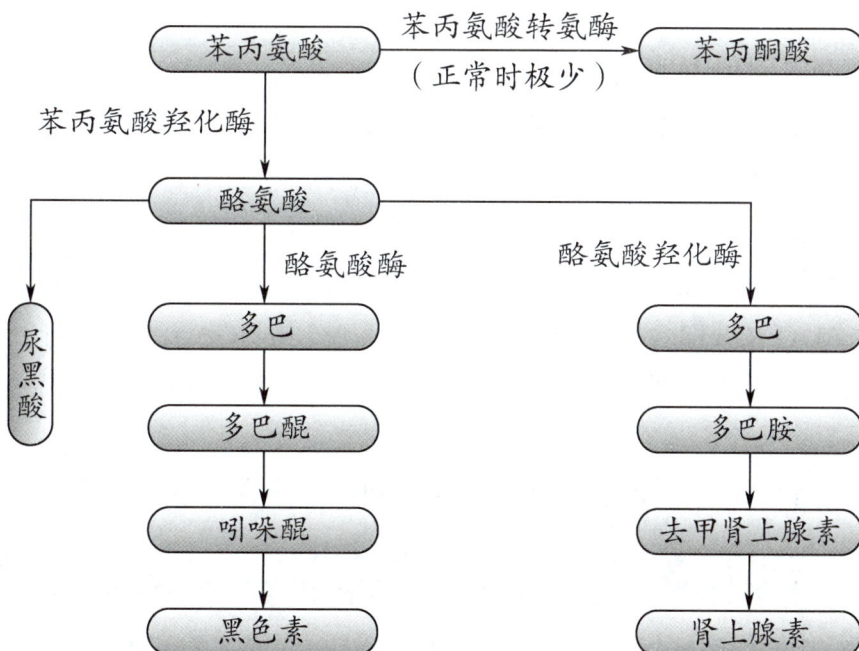

图9-7　苯丙氨酸及酪氨酸代谢

白化病

白化病由于体内先天性缺乏酪氨酸酶,黑色素合成障碍,患者皮肤、眉毛、头发呈白色或黄白色,虹膜和瞳孔呈现淡粉或淡灰色,怕光,视物模糊,是一种先天性遗传性疾病,目前尚无有效疗法。

(3)甲状腺素的生成:酪氨酸碘化生成甲状腺激素(T_3、T_4)。

(4)糖和脂肪的生成:酪氨酸脱氨生成对羟苯丙酮酸,继而氧化为尿黑酸,后者经尿黑酸氧化酶催化裂解为延胡索酸和乙酰乙酸,可彻底氧化供能,也能转变为糖和脂肪。故苯丙氨酸和酪氨酸皆为生糖兼生酮氨基酸。

$$酪氨酸 \xrightarrow{转氨酶} 对羟苯丙酮酸 \longrightarrow 尿黑酸 \longrightarrow 延胡索酸 + 乙酰乙酸$$

3. 色氨酸的代谢　色氨酸除了转变成 5-羟色胺和一碳单位外,还可分解生成丙酮酸和乙酰辅酶 A,故属于生糖兼生酮氨基酸。此外,色氨酸还可以转变成维生素 PP,但合成量很少,不能满足机体的需要。

第三节　蛋白质的生物合成

一、RNA 在蛋白质生物合成中的作用

蛋白质生物合成是细胞最为复杂的活动之一。参与细胞内蛋白质生物合成的物质除氨基酸外还需要三种 RNA 的参与,以及有关的酶与蛋白质因子、ATP 或 GTP。

(一)mRNA 是蛋白质生物合成的直接模板

由 DNA 传递来的遗传信息贮存在 mRNA 分子的核苷酸顺序中,从 $5' \to 3'$ 方向,每三个相邻核苷酸组成一个密码子,在蛋白质合成时代表一种氨基酸或肽链合成起始/终止的信号,称为密码子或三联体密码。密码子 AUG 除代表甲硫氨酸外,还是肽链合成的起始信号,故 AUG 又被称为起始密码子。UAA、UAG 和 UGA 三个密码子出现时多肽链的延长随即终止,故称其为终止密码。哺乳类动物 mRNA 遗传密码表见表 9-3。

遗传密码具有几个以下重要特点:

1. 方向性　蛋白质翻译过程中核糖体阅读 mRNA 模板信息时是沿着 mRNA $5' \to 3'$ 方向进行。

2. 连续性　核糖体阅读 mRNA 时必须从起始密码子开始,连续翻译不间断,直至终止密码子出现,中间没有任何核苷酸间隔或停顿,这种现象称为密码子的连续性。

表 9-3　哺乳类动物 mRNA 遗传密码表

第一位核苷酸(5′)	第二位核苷酸				第三位核苷酸(3′)
	U	C	A	G	
U	UUU 苯丙	UCU 丝	UAU 酪	UGU 半胱	U
	UUC 苯丙	UCC 丝	UAC 酪	UGC 半胱	C
	UUA 亮	UCA 丝	UAA 终止	UGA 终止	A
	UUG 亮	UCG 丝	UAG 终止	UGG 色	G
C	CUU 亮	CCU 脯	CAU 组	CGU 精	U
	CUC 亮	CCC 脯	CAC 组	CGC 精	C
	CUA 亮	CCA 脯	CAA 谷氨酰胺	CGA 精	A
	CUG 亮	CCG 脯	CAG 谷氨酰胺	CGG 精	G
A	AUU 异亮	ACU 苏	AAU 天冬酰胺	AGU 丝	U
	AUG 异亮	ACC 苏	AAC 天冬酰胺	AGC 丝	C
	AUA 异亮	ACA 苏	AAA 赖	AGA 精	A
	AUG 甲硫	ACG 苏	AAG 赖	AGG 精	G
G	GUU 缬	GCU 丙	GAU 天冬酰胺	GGU 甘	U
	GUC 缬	GCC 丙	GAC 天冬酰胺	GGC 甘	C
	GUA 缬	GCA 丙	GAA 谷	GGA 甘	A
	GUG 缬	GCG 丙	GAG 谷	GGG 甘	G

3. 简并性　密码子的特异性主要由前两位核苷酸决定,第三位核苷酸即使发生变化,仍能代表相同的氨基酸,这种氨基酸可由多个密码子编码的现象称为密码子的简并性。密码子的简并性可降低基因突变造成的有害效应。

4. 通用性　从细菌到人类都使用同一套遗传密码。提示各种生物相互之间可能是来自同一起源进化而来。

5. 摆动性　tRNA 上的反密码子(1 位)与 mRNA 上的密码子(3 位)的碱基反向平行配对时,有时并不严格遵循碱基配对原则,出现摆动性,称为摆动配对。

（二）tRNA 是氨基酸的特异“搬运工具”

氨基酸由各自特异的 tRNA“搬运”到核糖体,才能“组装”成多肽链。tRNA 3′ 端 -CCA 的羟基用于与氨基酸羧基之间形成酯键,携带转运氨基酸与 mRNA 分子中相应密码子的碱基互补结合,使 tRNA 所携带的氨基酸准确地在 mRNA 上“对号入座”,从而使氨基酸按一定顺序排列。

（三）rRNA 与特定蛋白质组成的核糖体是肽链合成的“装配机”

核糖体是合成多肽链的“装配机”。核糖体由大、小两个亚基组成。核糖体除有结合模板 mRNA 的位点外,还存在几种接受和释放特殊 −tRNA 的位点,如结合肽酰 −tRNA 的"给位"(或称肽酰位,P 位)、接受氨酰 −tRNA 的"受位"(或称氨酰位,A 位)以及释放已经卸载了氨基酸的 tRNA 的"空位"(或称出口位,E 位)。原核生物的核糖体有以上三个功能部位,真核生物的核糖体没有 E 位(图 9−8)。

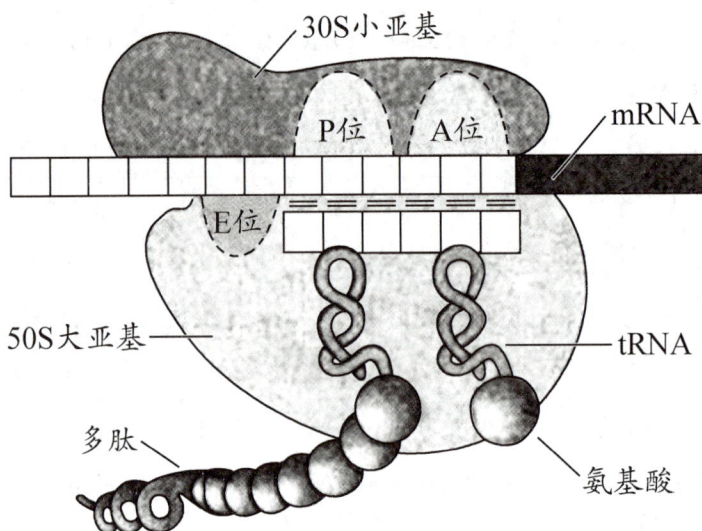

图 9−8　核糖体在翻译中的功能部分

二、蛋白质的生物合成过程

(一)氨基酸活化与转运

在氨酰 −tRNA 合成酶催化下,每个氨基酸消耗 1 个 ATP、断裂 2 个高能磷酸键,与特异的 tRNA 结合生成氨酰 −tRNA。氨酰 −tRNA 合成酶具有高度专一性,具有选择特异 tRNA 和特异氨基酸的双重功能。

$$\text{tRNA} + \text{氨基酸} + \text{ATP} \longrightarrow \text{氨酰 −tRNA} + \text{AMP} + \text{PPi}$$

(二)核糖体循环

1. 起始阶段　在起始阶段,核糖体大小亚基、模板 mRNA 以及具有起始作用的甲酰甲硫氨酰 −tRNA(真核中是甲硫氨酰 −tRNAi)组装成起始复合物。核糖体小亚基的 P 位与 mRNA 上的起始位点 AUG 定位结合。起始氨酰 −tRNA 随后占据 P 位,大亚基与小亚基结合后形成翻译起始复合体。核糖体 A 位空留,且对应于 AUG 后的密码子,为新的氨酰 −tRNA 的进入,为肽链延长做准备。

2. 延长阶段　在起始复合体的基础上,氨酰 −tRNA 入位识别密码子,多肽链形成及核糖体移位,氨基酸依次通过肽键结合至应有长度。按 mRNA 的密码子,相应的氨酰 −tRNA 进入 A 位,在转肽酶和延长因子作用下,P 位上的氨基酸与 A 位上的氨基酸间形成肽键,大亚基沿 mRNA 由 5′ → 3′ 向前移动一个密码子,称为移位。P 位上空载的 tRNA 移至 E 位被释放,A 位上新的肽酰 −tRNA 移至 P 位上,空出的 A 位可接纳下一个

氨酰 –tRNA。如此循环往复使多肽链不断延长，核糖体沿 mRNA5′ → 3′ 的方向移动，经过进位、成肽和转位三个连续的步骤，多肽链通过 N 端→ C 端进行延伸，如此循环往复，直至终止阶段。

3. 终止阶段　当核糖体移至 mRNA 的终止密码（UAA，UAG，UGA），不能被任何一个氨酰 –tRNA 所识别，肽链合成终止。在释放因子（RF）的作用下，多肽链释放，tRNA、mRNA 从核糖体脱离，核糖体大、小亚基解离。

解离后的大小亚基可以重新聚合成完整的核糖体，开始新的肽链合成，循环往复。所以上述的肽链合成的起始、延长、终止过程又称为核糖体循环。核糖体循环实际上就是蛋白质合成的翻译过程。

从氨基酸活化过程至核糖体循环，均需要大量能量供应。在肽链合成的延长阶段，每形成一个肽键至少消耗 4 个高能磷酸键。因此，蛋白质的合成反应是不可逆的耗能过程。

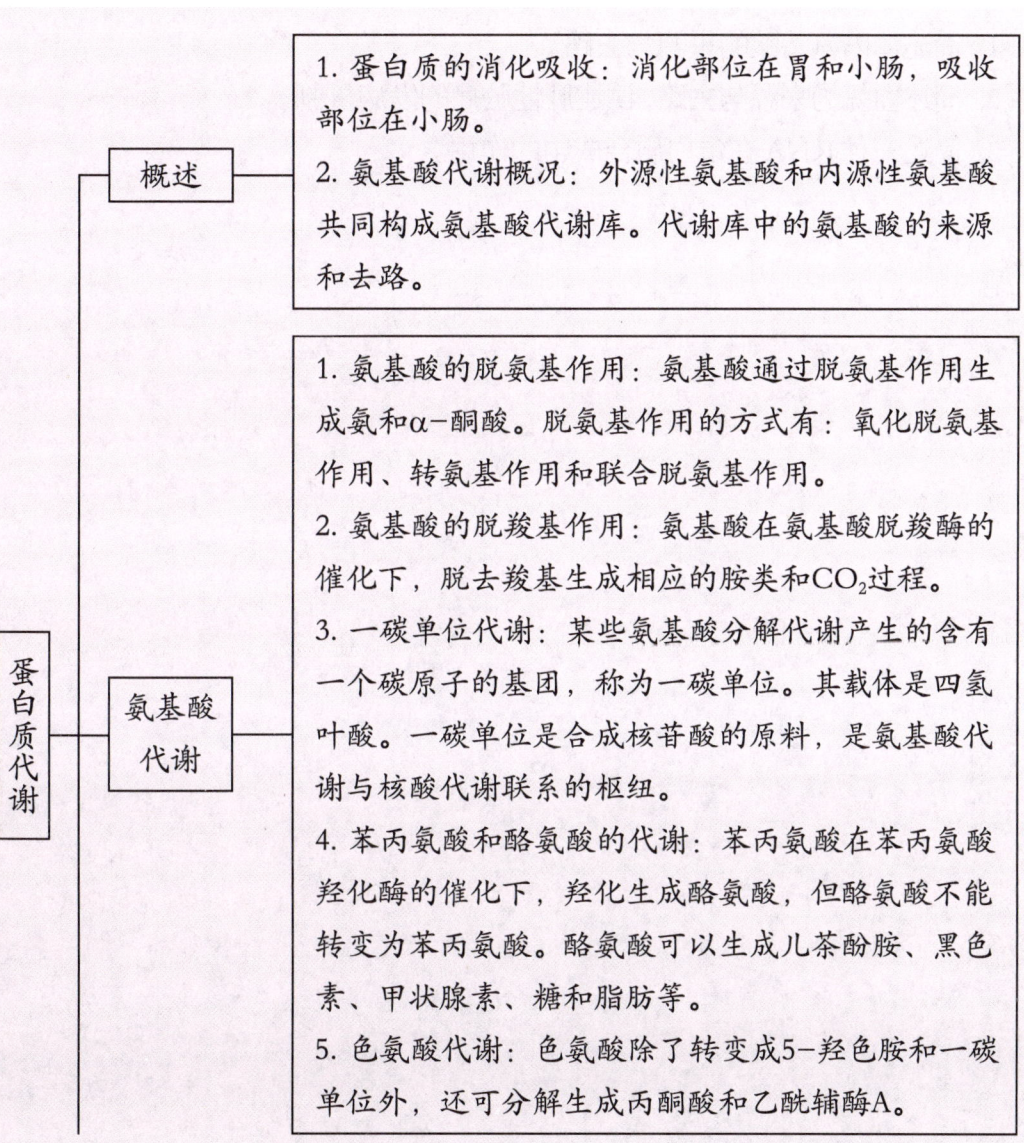

章末小结

蛋白质代谢

概述

1. 蛋白质的消化吸收：消化部位在胃和小肠，吸收部位在小肠。

2. 氨基酸代谢概况：外源性氨基酸和内源性氨基酸共同构成氨基酸代谢库。代谢库中的氨基酸的来源和去路。

氨基酸代谢

1. 氨基酸的脱氨基作用：氨基酸通过脱氨基作用生成氨和α-酮酸。脱氨基作用的方式有：氧化脱氨基作用、转氨基作用和联合脱氨基作用。

2. 氨基酸的脱羧基作用：氨基酸在氨基酸脱羧酶的催化下，脱去羧基生成相应的胺类和 CO_2 过程。

3. 一碳单位代谢：某些氨基酸分解代谢产生的含有一个碳原子的基团，称为一碳单位。其载体是四氢叶酸。一碳单位是合成核苷酸的原料，是氨基酸代谢与核酸代谢联系的枢纽。

4. 苯丙氨酸和酪氨酸的代谢：苯丙氨酸在苯丙氨酸羟化酶的催化下，羟化生成酪氨酸，但酪氨酸不能转变为苯丙氨酸。酪氨酸可以生成儿茶酚胺、黑色素、甲状腺素、糖和脂肪等。

5. 色氨酸代谢：色氨酸除了转变成5-羟色胺和一碳单位外，还可分解生成丙酮酸和乙酰辅酶A。

| 蛋白质的生物合成 | 1. 三种RNA在蛋白质生物合成中的作用：mRNA是蛋白质生物合成的直接模板，tRNA是氨基酸的特异"搬运工具"，rRNA与特定蛋白质组成的核糖体是肽链合成的"装配机"。
2. 蛋白质生物合成过程：①氨基酸活化与转运；②核糖体循环。 |

（刘保东）

❓ 思考与练习

1. 简述体内氨基酸的来源与去路。
2. 简述血氨的来源与去路，试述肝性脑病的发病机制。
3. 简述三种 RNA 在蛋白质合成中的作用。

第十章 | 水盐代谢和酸碱平衡

10章
10章 数字内容

1. 具有仁爱之心、良好的人际沟通能力、团结协作的工作作风和为人类健康服务的奉献精神。
2. 掌握水的平衡；钠、氯、钾的代谢；体内酸碱物质的来源。
3. 熟悉水的生理功能；无机盐的生理功能；钙、磷代谢；酸碱平衡的调节。
4. 了解酸碱平衡的主要生化指标。
5. 学会分析酸碱平衡的调节。

工作情景与任务

导入情景：

司机小张，在运送抗疫物资的途中，为了节约时间，保障物资及时送达，在车上吃了过凉的食物和饮料，出现腹痛症状，坚持将物资送到以后，发生了剧烈腹泻，每天5～6次，溏泄便，无脓血，无发热，食欲可，无恶心呕吐，感觉无力。

工作任务：

1. 分析司机小张发生腹痛腹泻的原因。
2. 分析司机小张的体液变化。

水和无机盐是人体的重要组成成分，也是构成体液的主要成分。人体细胞内外存在的液体称为体液。体液由水及溶于水中的无机盐、有机物组成。正常成人体液约占体重的60%，其中，细胞内液约占体重的40%，细胞外液约占体重的20%；细胞外液中，血浆约占体重的5%，细胞间液约占体重的15%。消化液、淋巴液、脑脊液和渗出液等均属于细胞外液。

水和无机盐对细胞的结构、功能及代谢调节具有重要作用。正常生理情况下,体液pH 维持在恒定范围内,保持动态的酸碱平衡,对机体的生理活动和代谢反应的正常进行非常重要。

第一节　水　代　谢

一、水的生理功能

水是机体含量最多的物质,体内的水有两种存在形式,以自由状态存在的水,称为自由水;与蛋白质、多糖等结合的水,称为结合水。水的生理功能主要有以下几个方面:

(一)参与和促进体内的物质代谢

水是良好的溶剂,能溶解许多物质,有利于化学反应的进行。水也直接参与代谢反应,如水解、加水等反应。

(二)润滑作用

水是良好的润滑剂。例如,唾液有助于食物的咀嚼和吞咽,关节腔的润滑液有助于减少运动时关节面之间的摩擦,泪液可防止眼球干燥。

(三)维持组织器官的形态、硬度和弹性

体内的结合水无流动性,具有保持组织器官的形态、弹性及硬度的作用。

(四)调节体温

水的比热大,能吸收代谢过程中产生的大量热能而本身温度升高不多;水的蒸发热大,蒸发少量的汗液就能散发大量热量。因此,水是良好的体温调节剂,可在一定范围内维持体温恒定。

(五)运输作用

水的黏度小、流动性大是良好的溶剂,是机体运输营养物质和排泄废物的媒介。

二、水 的 平 衡

正常成人每天摄入水量约 2 500ml,主要来源于饮水、食物水、代谢水。每天排出的水量约为 2 500ml,排出去路主要有肾排出、皮肤蒸发、呼吸蒸发、粪便排出。

一般情况下,人体内的水维持动态平衡,即摄入水量与排出水量相等(表 10-1)。

表 10-1　正常成人每天水的摄入量和排出量

水的摄入途径	摄入量/(ml·d^{-1})	水的排出途径	排出量/(ml·d^{-1})
饮水	1 200	肾排出	1 500
食物水	1 000	皮肤蒸发	500

水的摄入途径	摄入量 /(ml·d^{-1})	水的排出途径	排出量 /(ml·d^{-1})
代谢水	300	呼吸蒸发	350
		粪便排出	150
共计	2 500	共计	2 500

人体每天必然失水量是指人每天由肾排出（最低尿量约 500ml）、皮肤蒸发、呼吸蒸发和粪便排出的水量，最少约 1 500ml。为了维持水平衡，人体每天摄入的水量至少要达到 1 500ml，称为最低需水量，也是临床补充水的依据。

第二节　无机盐代谢

一、无机盐的生理功能

无机盐占体重的 4%～5%，其主要的生理功能有以下几个方面：

（一）维持体液的正常渗透压
K^+、HPO_4^{2-} 维持细胞内液晶体渗透压；Na^+、Cl^- 维持细胞外液晶体渗透压。

（二）维持体液的酸碱平衡
Na^+、Cl^-、K^+ 和 HPO_4^{2-} 是体液中各种缓冲对的主要成分，对维持体液的酸碱平衡有重要意义。

（三）维持神经、肌组织的应激性
Na^+、K^+ 浓度升高使神经、肌肉的应激性增强，而 Ca^{2+}、Mg^{2+} 浓度升高则使神经、肌肉的应激性降低，关系如下：

$$神经、肌组织的应激性 \propto \frac{[Na^+]+[K^+]}{[Ca^{2+}]+[Mg^{2+}]+[H^+]}$$

所以，缺钙时，神经、肌肉的应激性会增强，从而导致手足抽搐。

无机离子也影响心肌细胞的应激性：

$$心肌组织的应激性 \propto \frac{[Na^+]+[Ca^{2+}]+[OH^-]}{[K^+]+[Mg^{2+}]+[H^+]}$$

（四）维持或调节酶的活性
有些无机盐和金属离子是酶的辅因子或激活剂。如 Zn^{2+} 是碳酸酐酶的辅因子，Cl^- 是唾液淀粉酶的激活剂。

（五）构成组织成分
如钙和磷是骨骼和牙齿的主要成分，骨中无机盐占骨干重的 65%～70%。

二、钠、氯、钾的代谢

（一）含量与分布

正常成人体内钠的含量为 45～50mmol/kg 体重，其中约 40% 存在于骨骼，50% 存在于细胞外液，10% 存在于细胞内液，血清钠浓度为 135～145mmol/L。氯也主要分布于细胞外液，血清氯浓度为 98～106mmol/L。

正常成人体内钾的含量约为 45mmol/kg 体重，其中 98% 分布于细胞内液，2% 分布于细胞外液，血清钾浓度为 3.5～5.3mmol/L。红细胞内钾浓度为 105mmol/L，因此，测定血钾时一定要防止溶血。

（二）吸收与排泄

1. 吸收　正常成人每天需要氯化钠 4.5～9.0g，主要来自食盐；其摄入量因个人饮食习惯不同而有很大差异，通常在 7.0～15.0g 之间；世界卫生组织建议正常成人每天摄入的食盐量不超过 5g。正常成人每天需钾约 2.5g，食物中钾的含量丰富，主要来自蔬菜、水果和肉类，一般膳食即可满足生理需要。钠、氯和钾主要在消化道吸收。

2. 排泄　钠、氯主要经肾随尿排出，少量通过汗液和粪便排出；肾对血钠的调节能力很强，特点是：多吃多排，少吃少排，不吃不排；钠的排出常伴随氯的排出。钾主要由肾脏排泄，少量经肠道由粪便排出；肾调控排钾的能力不及排钠的能力，特点是：多吃多排，少吃少排，不吃也排。因此长期不能进食的患者要监测其血钾含量，以确定是否需要补钾。

临床应用

补钾原则

K+ 在细胞内外平衡速率十分缓慢，约 15h 才能达到细胞膜内外的平衡；心功能不全等病理情况下，K+ 的膜内外平衡需要时间更长。临床上在治疗缺钾症过程中，很难在短时间内恢复机体的钾平衡。若摄入钾过多过快，有导致高钾血症的可能。因此补钾一定要谨慎，临床安全静脉补钾时应遵循不宜过浓、不宜过多、不宜过快、不宜过早、见尿补钾的原则。

三、钙、磷的代谢

（一）钙、磷的含量与分布

钙和磷是人体含量最多的无机盐，正常成人体内含钙总量为 700～1 400g，含磷 400～800g，其中 99% 以上的钙和 85% 以上的磷以羟磷灰石[$3Ca_3(PO_4)_2 \cdot Ca(OH)_2$]的形式构成骨盐，分布于骨骼和牙中；血清中钙的含量为 2.25～2.75mmol/L，磷的含量为 1.1～1.3mmol/L。

"当代钙磷代谢知识之父"——朱宪彝

我国著名的医学教育家朱宪彝,被誉为"当代钙磷代谢知识之父"。他第一次阐明了软骨病与佝偻病发病机制中钙、磷、维生素 D 的变化规律,提出了最佳治疗方法。临终前,他捐出全部存款建立朱宪彝奖学金、献出遗体供医学解剖,我们应学习老一辈科学家锐意创新、勇攀高峰的科学精神,传承医者仁心的医德和大爱无疆的奉献精神。

(二)钙、磷的吸收与排泄

1. 吸收　正常成人每天需钙量 0.5～1.0g,儿童、孕妇、乳母等需钙 1.0～1.5g。人体内的钙主要来源于牛奶、豆类和叶类蔬菜。钙的吸收主要在十二指肠和空肠上段,吸收率随着年龄的增长而下降,这是导致老年人缺钙患骨质疏松的原因之一。维生素 D_3 可促进小肠对钙的吸收;此外,肠道内 pH 和食物成分也影响钙的吸收,钙盐在酸性环境中易溶解,有利于钙的吸收,故食物中乳酸、柠檬酸等有利于钙的吸收。但食物中的草酸、鞣酸、植酸等易与钙形成不溶性钙盐而影响钙的吸收。

成人每天需磷量为 1.0～1.5g。食物中的磷大部分以磷酸盐、磷脂和磷蛋白的形式存在,易于吸收。磷的吸收部位主要在空肠,影响钙吸收的因素也影响磷的吸收。此外,食物中的 PO_4^{3-} 可与 Ca^{2+}、Fe^{2+}、Mg^{2+} 结合生成不溶性物质影响磷的吸收。

2. 排泄　正常成人每天排出的钙,约 80% 经肠道随粪便排出,主要为食物中未吸收的钙和消化液中的钙;约 20% 经肾随尿排出。

正常成人每天排泄的磷 60%～80% 经肾脏随尿排出,20%～40% 随粪便排出。

微量元素

微量元素是指含量占人体体重 0.01% 以下,或每天需要量在 100mg 以下的元素。人体必需微量元素有铁、铜、碘、锌、锰、硒、氟、锡、钼、钴、铬、镍、钒、硅等。动物肝脏、瘦肉、黄豆、油菜等含铁的量较高,胃酸、维生素 C、葡萄糖等物质可促进铁的吸收,草酸、植酸、鞣酸等妨碍铁的吸收,缺铁易导致缺铁性贫血,儿童缺铁可导致智力下降,活动能力下降等。锌主要来自鱼、肉、内脏、蛋、豆类、谷类等食物,植酸、纤维素、钙等可影响锌的吸收,儿童缺锌可导致智力下降、发育不良。碘主要来自海盐及海带、紫菜等,成人缺碘可引起甲状腺肿大,儿童缺碘可引起智力迟钝、体力发育迟缓。《神农本草经》一书中最早记载了用碘含量丰富的海产品治疗甲状腺肿,体现了我国古代人民的智慧和传统中医药文化的博大精深。中医药文化作为我国传统文化中的璀璨明珠,我们应做好传承和发扬。

第三节 酸 碱 平 衡

机体维持体液 pH 在恒定范围内的过程，称为酸碱平衡。人体体液的 pH，细胞内液为 7.0，细胞外液略高，血浆 pH 为 7.35～7.45。

一、体内酸碱物质的来源

（一）体内酸性物质的来源

1. 挥发性酸　机体内糖、蛋白质、脂肪氧化分解的最终产物为 CO_2 和 H_2O，两者结合生成 H_2CO_3；在肺部，H_2CO_3 重新分解为 CO_2 而被呼出，称为挥发性酸。H_2CO_3 是体内产生量最多的酸性物质。

2. 固定酸　体内物质代谢过程中还产生一些有机酸及无机酸，如丙酮酸、乳酸与硫酸、磷酸等；这些酸性物质不能由肺呼出，必须经肾由尿排出体外，称为固定酸。

体内的酸性物质主要来自糖、蛋白质、脂肪等物质的分解代谢，因此常将谷类、动物性食物等称为成酸食物。

3. 食物和药物　某些食物中的柠檬酸、醋酸、乳酸等，药物中的乙酰水杨酸、维生素 C、氯化铵（NH_4Cl）等，也是体内酸性物质的来源。

（二）体内碱性物质的来源

1. 食物中的碱　体内碱性物质主要来自食物中的水果、蔬菜等。水果、蔬菜中含丰富的有机酸盐，如柠檬酸、苹果酸的钾盐或钠盐。有机酸根在体内与 H^+ 结合成有机酸，再氧化为 CO_2 和 H_2O，而 K^+、Na^+ 则与 HCO_3^- 结合生成 $KHCO_3$、$NaHCO_3$，体内碱性物质含量增加。水果、蔬菜常被称为成碱食物。

2. 机体代谢产生的碱　体内的物质代谢可产生少量的碱，如氨基酸分解代谢产生的氨、胺类等。

3. 药物　某些药物如氢氧化铝、碳酸氢钠（$NaHCO_3$）等。

正常情况下，机体内酸性物质的产生量远远多于碱性物质，故机体对酸碱平衡的调节，主要是对酸的调节。

二、酸碱平衡的调节

机体对酸碱平衡的调节主要通过血液的缓冲作用、肺对酸碱平衡的调节、肾对酸碱平衡的调节三方面的协同作用实现。

（一）血液的缓冲作用

体内代谢产生的及从外界摄入的酸性、碱性物质均需经血液稀释，并被血液的缓冲体系缓冲,转变成较弱的酸或碱,以维持血液 pH 的相对稳定。

1. 血液的缓冲体系　血液的缓冲体系由弱酸和它相对应的弱酸盐组成,又称为缓冲对。血浆缓冲体系的缓冲对有(Pr 代表蛋白质):

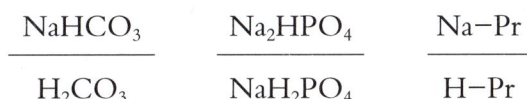

$$\frac{NaHCO_3}{H_2CO_3} \qquad \frac{Na_2HPO_4}{NaH_2PO_4} \qquad \frac{Na-Pr}{H-Pr}$$

红细胞缓冲体系的缓冲对有(Hb 代表血红蛋白):

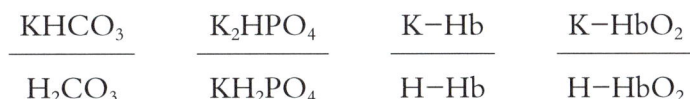

$$\frac{KHCO_3}{H_2CO_3} \qquad \frac{K_2HPO_4}{KH_2PO_4} \qquad \frac{K-Hb}{H-Hb} \qquad \frac{K-HbO_2}{H-HbO_2}$$

血浆中的缓冲对以 $NaHCO_3/H_2CO_3$ 最为重要,红细胞中以血红蛋白缓冲对最为重要。

2. 血液缓冲体系的缓冲作用

（1）对挥发性酸（H_2CO_3）的缓冲:体内组织细胞代谢产生的 CO_2 迅速扩散入血液,其中绝大部分进入红细胞,经碳酸酐酶（CA）催化与 H_2O 生成 H_2CO_3。H_2CO_3 经血红蛋白缓冲体系缓冲,生成 $KHCO_3$ 和 HHb,使血液 pH 适度下降。

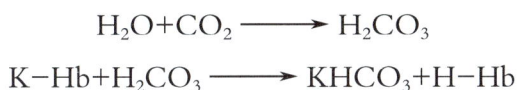

$$H_2O+CO_2 \longrightarrow H_2CO_3$$
$$K-Hb+H_2CO_3 \longrightarrow KHCO_3+H-Hb$$

血液流经肺部时,H-Hb 与 O_2 结合成 $H-HbO_2$,$H-HbO_2$ 与 $KHCO_3$ 作用生成 $K-HbO_2$ 和 H_2CO_3,H_2CO_3 再分解成 CO_2,由肺呼出。

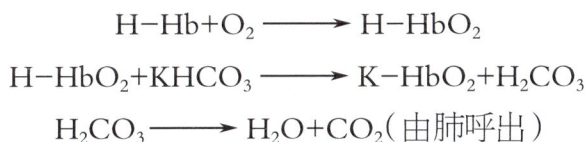

$$H-Hb+O_2 \longrightarrow H-HbO_2$$
$$H-HbO_2+KHCO_3 \longrightarrow K-HbO_2+H_2CO_3$$
$$H_2CO_3 \longrightarrow H_2O+CO_2（由肺呼出）$$

（2）对固定酸的缓冲:体内代谢产生的固定酸（HA）主要由 $NaHCO_3$ 缓冲,转变成固定酸钠和较弱的酸 H_2CO_3,H_2CO_3 又被分解为 H_2O 和 CO_2,CO_2 经肺呼出。因而血液 pH 不会有较大变化。

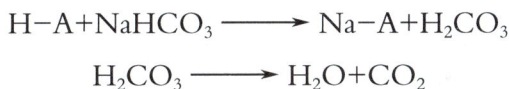

$$H-A+NaHCO_3 \longrightarrow Na-A+H_2CO_3$$
$$H_2CO_3 \longrightarrow H_2O+CO_2$$

血浆中的 $NaHCO_3$ 主要用来缓冲固定酸,它在一定程度上代表血浆对固定酸的缓冲能力,故习惯上把血浆 $NaHCO_3$ 称为碱储。

（3）对碱的缓冲:碱性物质（BOH）进入血液后,主要被 H_2CO_3 缓冲,将 BOH 转变成碱性较弱的 $BHCO_3$。

$$BOH+H_2CO_3 \longrightarrow BHCO_3+H_2O$$

（二）肺对酸碱平衡的调节

肺对酸碱平衡的调节,主要是通过 CO_2 的呼出量来调节血浆中 H_2CO_3 的浓度。血液中酸增多时,pH 下降,通过缓冲作用产生较多的 H_2CO_3,H_2CO_3 分解成 CO_2 和 H_2O,

PCO_2 增高,呼吸中枢兴奋,呼吸加深加快,呼出更多的 CO_2,H_2CO_3 浓度降低;反之,血液中碱增多时,呼吸中枢受抑制,呼吸变浅变慢,呼出 CO_2 减少,H_2CO_3 浓度升高。

（三）肾对酸碱平衡的调节

肾是调节酸碱平衡最重要的器官。肾主要通过排酸保碱,对血浆中 $NaHCO_3$ 的浓度进行调节,这种作用由肾小管上皮细胞的 H^+-Na^+、$NH_4^+-Na^+$ 交换过程来实现,基本方式有 3 种。

1. $NaHCO_3$ 的重吸收 在肾小管上皮细胞中富含碳酸酐酶(CA),催化 CO_2 和 H_2O 生成 H_2CO_3,H_2CO_3 再解离成 H^+ 和 HCO_3^-。H^+ 分泌至管腔与原尿中 $NaHCO_3$ 电离出的 Na^+ 进行交换,使 Na^+ 重新进入肾小管上皮细胞内,与 HCO_3^- 形成 $NaHCO_3$ 转运入血液,补充缓冲固定酸时消耗的 $NaHCO_3$(图 10-1)。

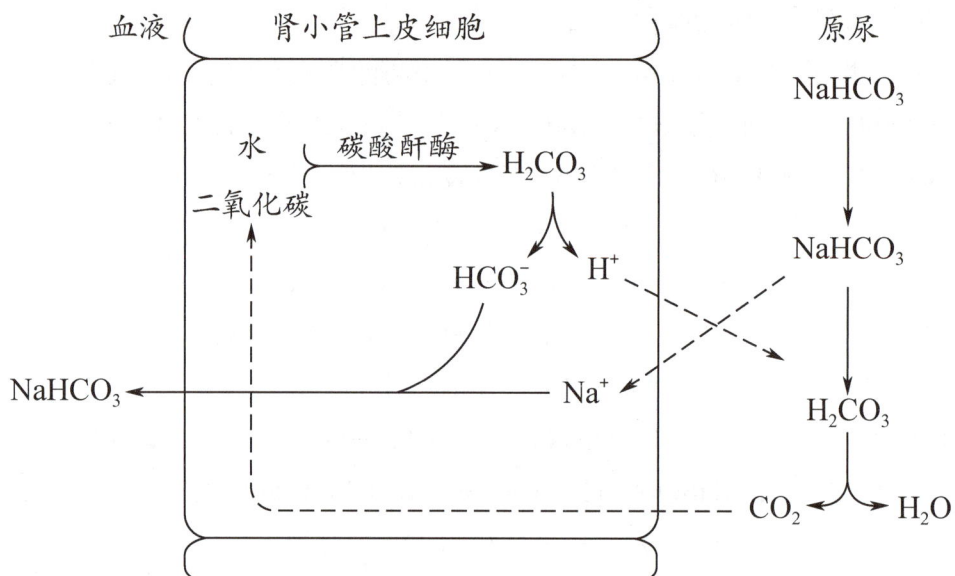

图 10-1 $NaHCO_3$ 的重吸收

2. 尿液的酸化 当原尿流经肾远曲小管时,其中的 Na_2HPO_4 解离成 Na^+ 和 $NaHPO_4^-$。Na^+ 与肾小管上皮细胞分泌的 H^+ 交换,进入肾小管上皮细胞,并与 HCO_3^- 一起重吸收进入血液形成 $NaHCO_3$,补充了血液缓冲固定酸时消耗的 $NaHCO_3$。而管腔中的 H^+ 与 $NaHPO_4^-$ 结合形成 NaH_2PO_4 随尿排出。尿中排出 NaH_2PO_4 增加,尿液的 pH 降低,这一过程称为尿液的酸化(图 10-2)。

3. NH_3 的分泌 肾远曲小管上皮细胞具有泌 NH_3 的功能。在肾小管上皮细胞内,谷氨酰胺在谷氨酰胺酶的催化下,水解成谷氨酸和 NH_3,这是 NH_3 的主要来源;此外,氨基酸的脱氨基作用也可产生 NH_3。NH_3 被分泌至肾小管管腔,与小管液中的 H^+ 结合成 NH_4^+,NH_4^+ 与原尿中强酸盐(如 $NaCl$、Na_2SO_4 等)的负离子结合成酸性的铵盐(如 NH_4Cl)随尿排出;同时,管腔中的 Na^+ 被重吸收进入肾小管上皮细胞,与其中的 HCO_3^- 一起转运至血液,形成 $NaHCO_3$(图 10-3)。

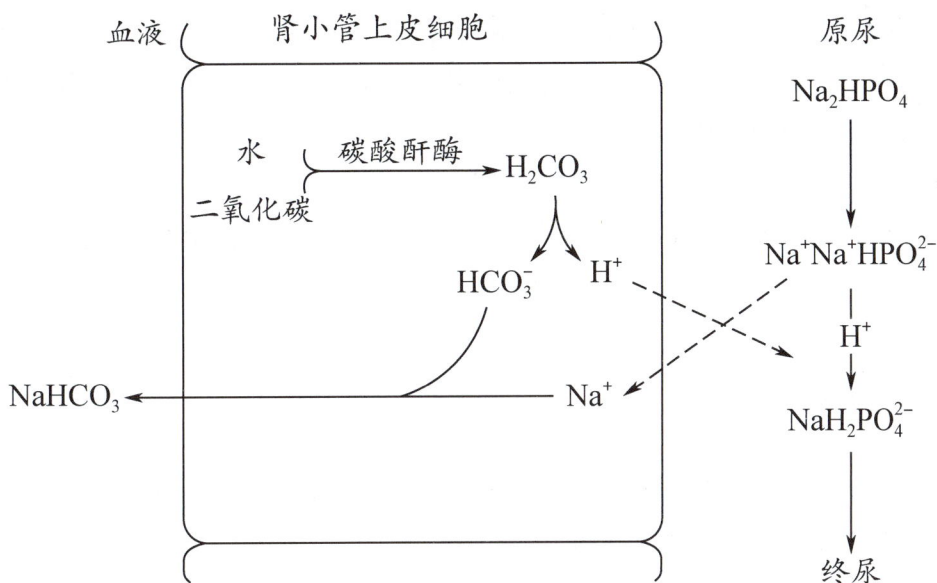

图 10-2　尿液的酸化

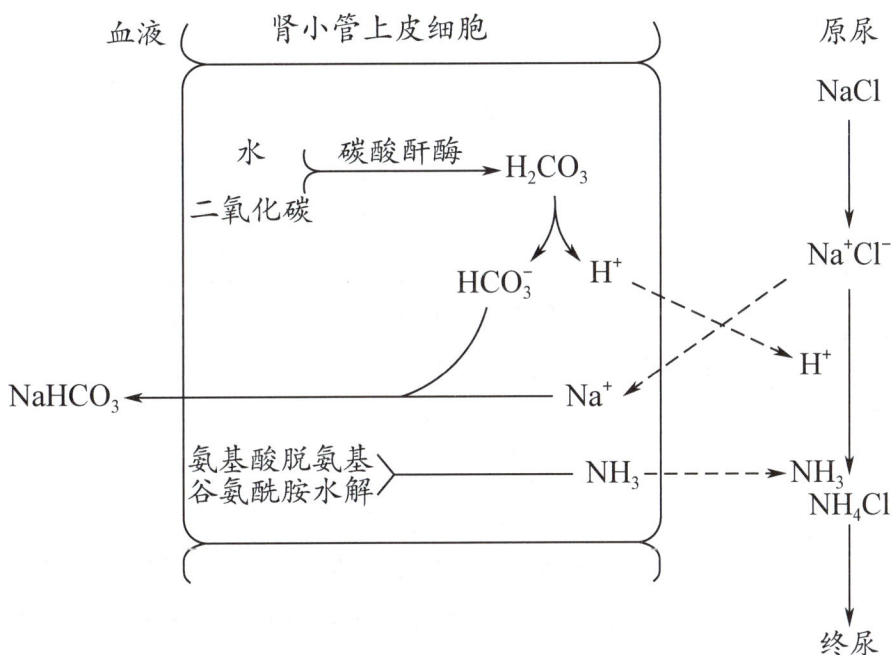

图 10-3　NH_3 的分泌

三、酸碱平衡的主要生化指标

（一）血浆 pH

正常人血浆 pH 为 7.35～7.45。一般认为血浆 pH 低于 7.35 为酸中毒，高于 7.45 为碱中毒。

（二）二氧化碳分压（PCO_2）

PCO_2 是指物理溶解于血浆中的 CO_2 所产生的张力。正常人动脉血 PCO_2 值为 35～

45mmHg。PCO_2 是反映呼吸性酸碱平衡紊乱的重要指标。动脉血 $PCO_2 > 45$mmHg 表示体内 CO_2 蓄积，通气不足，多见于呼吸性酸中毒；$PCO_2 < 35$mmHg 表示 CO_2 排出过多，通气过度，多见于呼吸性碱中毒。

（三）血浆二氧化碳结合力（CO_2-CP）

CO_2-CP 是指在 25℃、PCO_2 为 40mmHg 的条件下，每升血浆中以 HCO_3^- 形式存在的 CO_2 的量。正常范围为 22～31mmol/L。

生化学而思

从饮食结构分析，当机体摄入大量肉类、碳水化合物，而摄入较少的蔬菜、水果时，每天进入体内的酸性物质多于碱性物质。

请思考：

1. 此时血液的缓冲体系是如何发挥缓冲作用的？

2. 肾是如何调节体内酸碱平衡的？

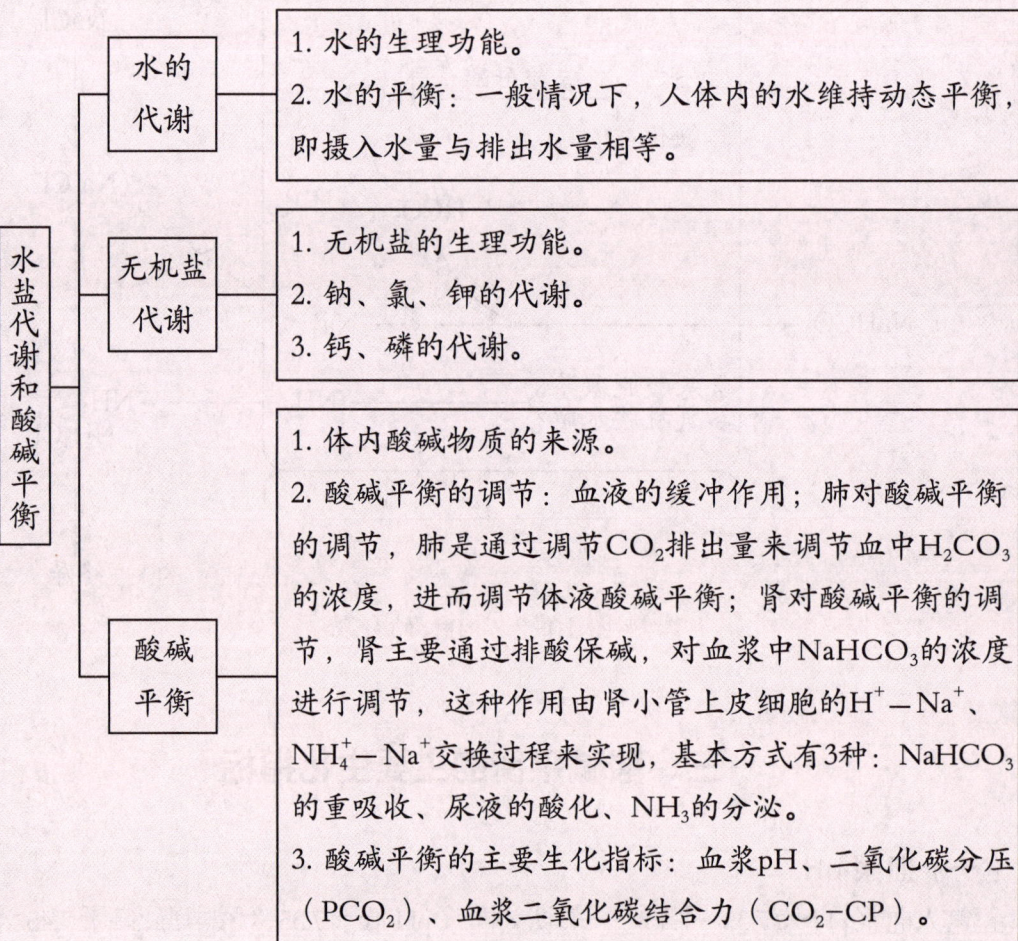

章末小结

水盐代谢和酸碱平衡

水的代谢
1. 水的生理功能。
2. 水的平衡：一般情况下，人体内的水维持动态平衡，即摄入水量与排出水量相等。

无机盐代谢
1. 无机盐的生理功能。
2. 钠、氯、钾的代谢。
3. 钙、磷的代谢。

酸碱平衡
1. 体内酸碱物质的来源。
2. 酸碱平衡的调节：血液的缓冲作用；肺对酸碱平衡的调节，肺是通过调节 CO_2 排出量来调节血中 H_2CO_3 的浓度，进而调节体液酸碱平衡；肾对酸碱平衡的调节，肾主要通过排酸保碱，对血浆中 $NaHCO_3$ 的浓度进行调节，这种作用由肾小管上皮细胞的 H^+—Na^+、NH_4^+—Na^+ 交换过程来实现，基本方式有3种：$NaHCO_3$ 的重吸收、尿液的酸化、NH_3 的分泌。
3. 酸碱平衡的主要生化指标：血浆pH、二氧化碳分压（PCO_2）、血浆二氧化碳结合力（CO_2-CP）。

（张文利）

1. 试述水和无机盐的生理功能。
2. 试述钾、钠、氯的代谢。
3. 试述钙、磷的代谢及其生理功能。
4. 简述人体内酸碱平衡的调节。

第十一章 | 肝胆生物化学

11章 数字内容

工作情景与任务

导入情景：

《健康中国行动（2019—2030年）》指出，我国是世界上老年人口最多的国家，截至2018年底，我国65岁及以上人口约占总人口的11.9%，大多数老年人患有一种及以上慢性病，老年人整体健康状况仍有待提高。开展老年健康促进行动，对于提高老年人的健康水平、改善老年人生活质量、实现健康老龄化具有重要意义。"老年健康促进行动"中指出，老年人易发生药物不良反应，要注意安全用药。生病及时就医，在医生指导下用药。

工作任务：

1. 分析老年人易发生药物不良反应的原因。
2. 分析哪些人群使用药物时要特别谨慎。

肝是人体内极其重要的器官，是人体的物质代谢中枢，不仅参与糖、脂肪、蛋白质、维生素及激素等的物质代谢，还具有生物转化、分泌胆汁、排泄等重要功能。

肝脏的结构特点

肝脏的功能与它的组织结构特点密切相关：①肝具有双重血液供应，即肝动脉和门静脉；②肝含有丰富的血窦，有利于肝细胞与血液进行充分的物质交换；③肝有肝静脉和胆道系统两条输出通路；④肝含有丰富的细胞器，如线粒体、内质网、高尔基复合体、溶酶体和过氧化物酶体等，为物质代谢提供了场所。此外，肝中酶的种类多达数百种，因此，肝被称为人体的"化工厂"。

第一节　生物转化作用

一、生物转化的概念

各类非营养物质在人体内进行的代谢转变过程称为生物转化作用。

非营养物质按来源不同分为内源性和外源性两类。内源性非营养物质是指体内生成的生物活性物质和代谢产物，如激素、神经递质、胺类、胆红素等；外源性非营养物质主要包括从外界摄入的药物、毒物、食品添加剂等和从肠道吸收来的腐败产物。它们既不是组织细胞的构成原料，也不能氧化供能，其中一些对人体有一定的生理学效应或存在潜在的毒性作用，长期蓄积对人体有害。

非营养物质在排出机体之前，需进行代谢转变，使其水溶性提高、极性增强，从而易于通过胆汁或尿液排出体内。肝是生物转化作用的主要器官，肠、肾和肺等也有一定的生物转化能力。

二、生物转化的反应类型

生物转化作用的反应类型包括氧化、还原、水解和结合反应四种。其中氧化、还原、水解反应称为第一相反应，结合反应称为第二相反应。少数非营养物质经过第一相反应，就可排出体外。但多数非营养物质还必须经过第二相反应，才可大量排出体外。

（一）第一相反应

1. 氧化反应　氧化反应是最常见的生物转化反应，主要通过多种氧化酶系催化完成，包括单加氧酶系、胺氧化酶系、脱氢酶系等。

（1）单加氧酶系：存在于肝细胞微粒体中，该酶系反应的特点是激活分子氧，使其中一个氧原子加在底物分子上形成羟基，另一个氧原子被 NADPH 还原生成水。

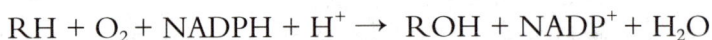

$$RH + O_2 + NADPH + H^+ \rightarrow ROH + NADP^+ + H_2O$$

底物   产物

（2）胺氧化酶系：存在于肝细胞线粒体中，可催化肠道内的腐败产物胺类及 5- 羟色胺、儿茶酚胺类等物质，氧化脱氨基生成相应的醛。

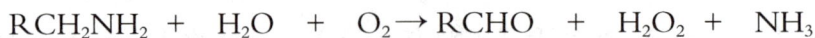

$$RCH_2NH_2 + H_2O + O_2 \rightarrow RCHO + H_2O_2 + NH_3$$

胺类   醛类

（3）脱氢酶系：包括存在于肝细胞微粒体中的醇脱氢酶和存在于胞质中的醛脱氢酶，分别催化醇氧化成醛、醛氧化成酸。

$$CH_3CH_2OH \rightarrow CH_3CHO \rightarrow CH_3COOH$$

乙醇   乙醛   乙酸

2. 还原反应　硝基化合物多见于食品防腐剂、工业试剂等。偶氮化合物常见于食品色素、化妆品、纺织与印刷工业等，有些可能是前致癌物。这些化合物可分别在肝细胞微粒体硝基还原酶和偶氮还原酶的催化下，还原生成相应的胺类，从而失去致癌作用。

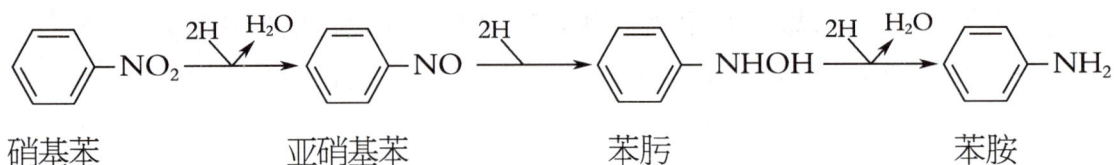

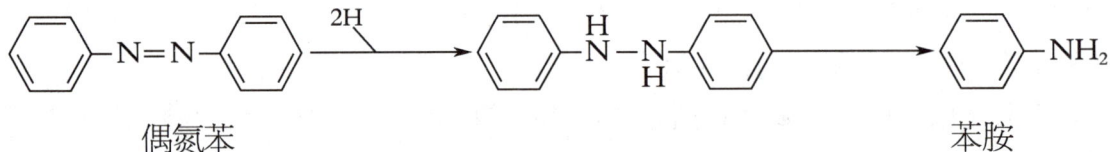

硝基苯 → 亚硝基苯 → 苯肼 → 苯胺

偶氮苯 → 苯胺

3. 水解反应　水解酶存在于肝细胞微粒体和胞质中，包括酯酶、酰胺酶、糖苷酶等，它们可分别催化脂类、酰胺类、糖苷类化合物水解。例如，酯酶催化药物阿司匹林（乙酰水杨酸）水解，生成水杨酸和乙酸。

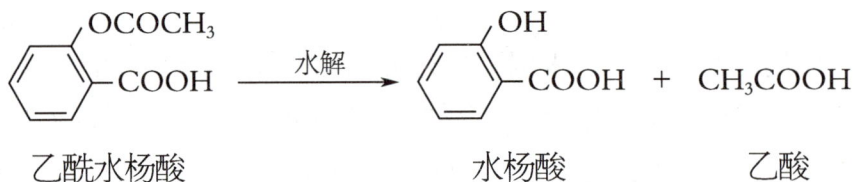

乙酰水杨酸 → 水杨酸 + 乙酸

（二）第二相反应

结合反应是体内最重要的生物转化方式。

第一相反应生成的产物可直接排出体外。如果其水溶性仍不够大，则需再进行第二相反应，与某些极性物质结合，生成极性更强的化合物，增加水溶性或改变其生物活性，促进其排出。有些非营养物质也可直接进入第二相反应。常见的结合物或基团有葡萄糖醛酸、硫酸、乙酰基等。

1. 葡萄糖醛酸结合反应　　葡萄糖醛酸结合反应是结合反应中最重要的结合方式,葡萄糖醛酸的供体是尿苷二磷酸葡萄糖醛酸(UDPGA),吗啡、可卡因、胆红素、类固醇激素等均可与葡萄糖醛酸结合。

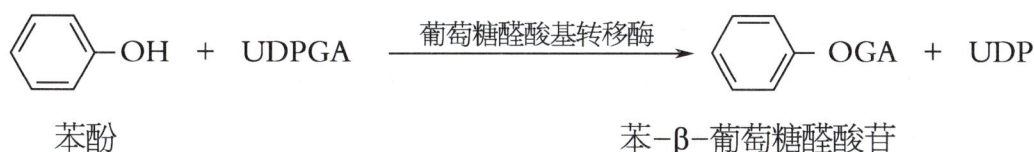

$$\text{苯酚} \quad \text{—OH} + \text{UDPGA} \xrightarrow{\text{葡萄糖醛酸基转移酶}} \text{—OGA} + \text{UDP} \quad \text{苯-β-葡萄糖醛酸苷}$$

2. 硫酸结合反应　　肝细胞质中的硫酸转移酶,以3′-磷酸腺苷-5′-磷酰硫酸(PAPS)为活性硫酸供体,可催化硫酸基转移到类固醇、酚和芳香胺类等物质的分子上,生成相应的硫酸酯,既可增加其水溶性易于排出,又可促进其失活。雌酮即由此形成硫酸酯而灭活。

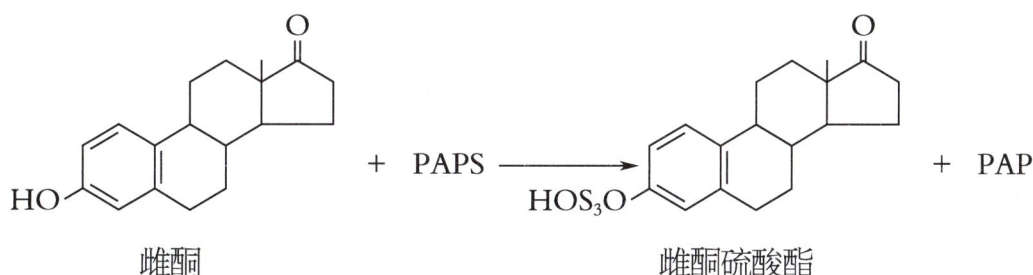

雌酮 + PAPS ⟶ 雌酮硫酸酯 + PAP

3. 乙酰基结合反应　　肝细胞质中的乙酰转移酶可以催化芳香胺类物质(如苯胺、磺胺等)与乙酰基结合,形成乙酰化合物。乙酰辅酶A是乙酰基的供体。如大部分磺胺类药物在肝内经乙酰基结合反应生成乙酰磺胺而失活。磺胺类药物经乙酰化后,其溶解度反而降低,在酸性尿中易于析出,故在服用磺胺类药物时应加服适量的碳酸氢钠,以提高其溶解度,利于随尿排出。

对氨基苯磺酰胺 + $CH_3CO \sim SCoA$ $\xrightarrow{\text{乙酰转移酶}}$ 对乙酰氨基苯磺酰胺 + $HSCoA$

三、生物转化的生理意义

生物转化作用可以增加非营养物质的水溶性和极性,从而易于随胆汁或尿液排出体外,同时使有毒物质的毒性减弱或消除,使某些物质的生物学活性降低或丧失。但有少数物质经生物转化作用后,毒性反而增加,或水溶性反而降低,说明肝脏的生物转化作用具有解毒与致毒的双重特点。

黄曲霉素被世界卫生组织确定为Ⅰ类致癌物,主要存在于受潮发霉的花生、大米、玉米、坚果等食物中。其中黄曲霉素B_1是主要的毒素,是强烈的肝癌致癌物。黄曲霉素B_1在体外并不能与核酸等生物大分子结合,但经肝脏生物转化作用生成的环氧化黄曲霉素B_1可与鸟嘌呤第7位N结合而致癌。

请思考:

1. 黄曲霉素B_1在肝脏内的生物转化作用是否属于解毒作用?
2. 受黄曲霉素污染的霉变食物应如何处理?

第二节　胆汁酸代谢

一、胆　　汁

胆汁是由肝细胞分泌的一种有苦味的黄色液体,储存于胆囊,经胆总管进入十二指肠。正常成人每天分泌胆汁300～700ml。肝细胞初分泌的胆汁称为肝胆汁,肝胆汁进入胆囊后,经浓缩转变为胆囊胆汁。胆汁的主要成分是胆汁酸盐、胆色素、胆固醇和卵磷脂等,其中胆汁酸盐的含量最多。

二、胆汁酸的生成及肠肝循环

胆汁酸按来源可分为初级胆汁酸和次级胆汁酸两大类。在肝细胞内合成的胆汁酸称为初级胆汁酸,在肠道中生成的称为次级胆汁酸。

胆汁酸按结构又可分为游离型胆汁酸和结合型胆汁酸。游离型胆汁酸包括胆酸、鹅脱氧胆酸、脱氧胆酸、石胆酸,结合型胆汁酸由游离型胆汁酸与甘氨酸或牛磺酸结合生成。

(一)初级胆汁酸

肝细胞以胆固醇为原料合成胆汁酸,这也是胆固醇在体内代谢的主要去路。胆固醇在7α-羟化酶的作用下转化生成7α-羟胆固醇,再经过一系列反应生成胆酸和鹅脱氧胆酸,称为初级游离胆汁酸。它们分别与甘氨酸或牛磺酸结合,生成甘氨胆酸、甘氨鹅脱氧胆酸、牛磺胆酸和牛磺鹅脱氧胆酸,称为初级结合胆汁酸。初级结合胆汁酸以钠盐或钾盐形式随胆汁排入肠道。

(二)次级胆汁酸

进入肠道的初级结合胆汁酸在促进脂类消化吸收的同时,在回肠和结肠上段,由肠道细菌酶催化生成次级游离胆汁酸,即脱氧胆酸和石胆酸(图11-1)。

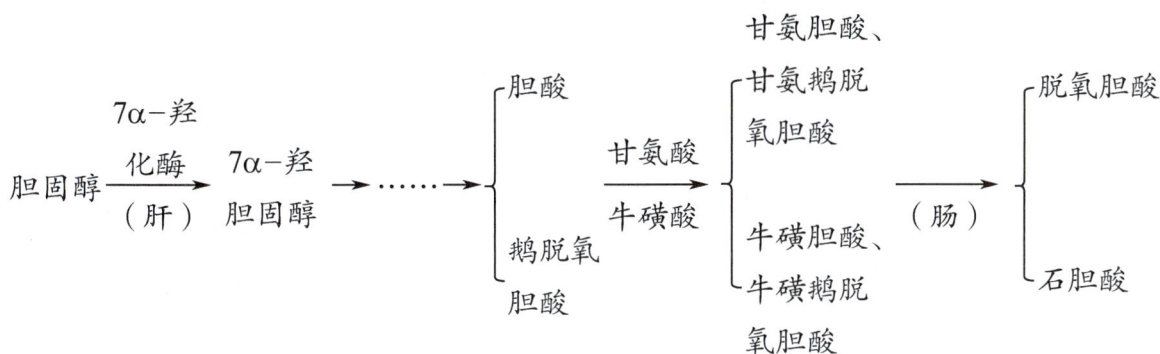

图 11-1　胆汁酸的生成和分类

（三）胆汁酸的肠肝循环

排入肠道的胆汁酸除了少量随粪便排出外，约 95% 都被肠道重吸收。重吸收的胆汁酸经门静脉重新入肝，肝细胞将游离胆汁酸再转变为结合胆汁酸，并同新合成的初级结合胆汁酸一起随胆汁排入肠道，此过程称为胆汁酸的肠肝循环（图 11-2）。胆汁酸肠肝循环的生理意义在于使有限的胆汁酸反复循环利用，满足机体对胆汁酸的生理需求。

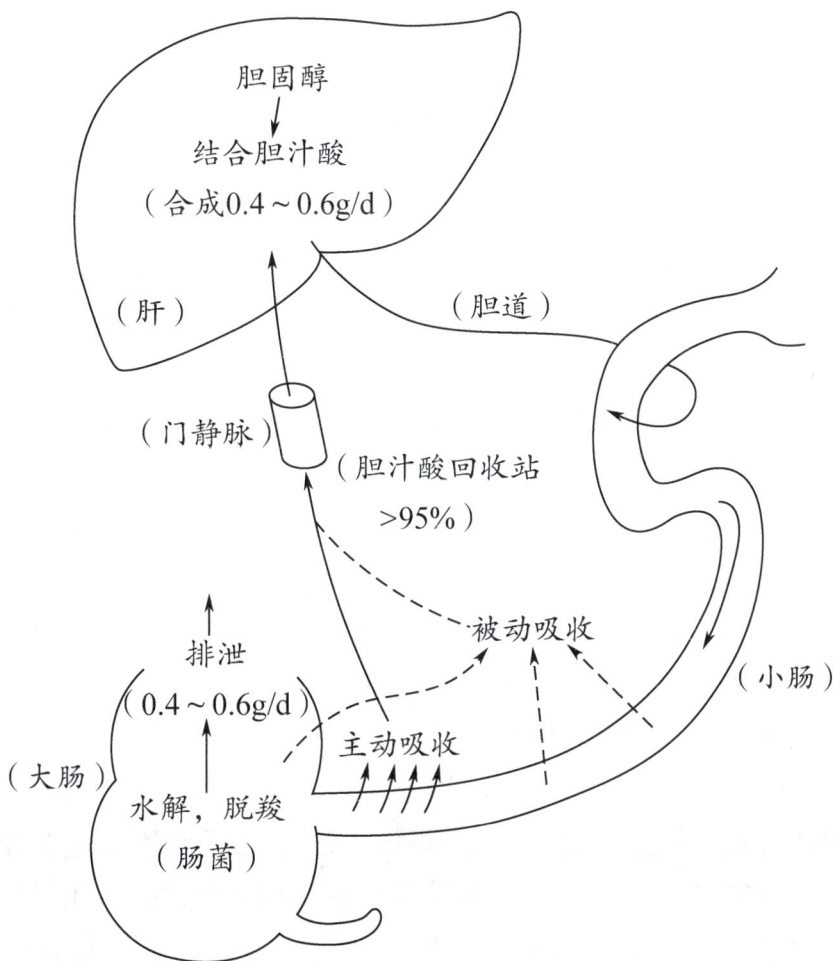

图 11-2　胆汁酸的肠肝循环

三、胆汁酸的生理功能

（一）促进脂类物质的消化吸收

胆汁酸分子内既含有亲水基团，又含有疏水基团，能够降低油与水两相之间的表面张力，使脂类物质乳化成细小微团，增加了脂肪酶的附着面积，有利于脂肪的消化吸收。

（二）抑制胆固醇结石的形成

胆固醇难溶于水，胆汁中的胆汁酸盐和卵磷脂可使胆固醇分散形成可溶性微团，使之不易沉淀析出。故胆汁酸具有抑制胆固醇结石形成的作用。

第三节　胆色素代谢

一、胆色素的概念

胆色素是体内铁卟啉类化合物分解代谢的产物，包括胆绿素、胆红素、胆素原和胆素。其中胆红素代谢是胆色素代谢的中心内容。

二、胆红素代谢

（一）胆红素的生成

体内含铁卟啉的化合物主要是血红蛋白，还包括肌红蛋白、细胞色素体系、过氧化物酶和过氧化氢酶等。红细胞的平均寿命约120d，衰老的红细胞被肝、脾、骨髓单核吞噬系统细胞识别并吞噬，释放出血红蛋白。血红蛋白降解生成珠蛋白和血红素。血红素在血红素加氧酶的催化作用下生成胆绿素，胆绿素在胆绿素还原酶的催化下，迅速被还原为胆红素。胆红素呈橙黄色，有毒性。

（二）胆红素的转运

胆红素难溶于水，进入血液后，与血浆清蛋白结合，生成胆红素－清蛋白复合物。这种结合增加了胆红素在血液中的溶解度，便于运输，同时又限制了胆红素自由透过各种生物膜，防止对组织细胞产生毒性作用。

胆红素－清蛋白复合物未经肝细胞转化，称为未结合胆红素。未结合胆红素分子量大，不能经肾小球滤过而随尿排出，故尿中检测不出未结合胆红素。某些有机阴离子如磺胺类、水杨酸等，可与胆红素竞争性地与清蛋白结合，使胆红素从复合物中游离出来。游离胆红素可穿过细胞膜进入细胞，尤其是富含脂质的脑部基底核的神经细胞，干扰脑的正常功能，引起胆红素脑病或核黄疸。有黄疸倾向的患者或新生儿黄疸时，应避免使用上述药物。

（三）胆红素在肝中的代谢

胆红素随血液循环流经肝脏时，被肝细胞摄取、转化、排泄。

1. 肝细胞对胆红素的摄取　胆红素－清蛋白复合物随血液循环至肝中，脱去清蛋白，胆红素被肝细胞摄取，与肝细胞质中存在的两种载体蛋白即 Y 蛋白和 Z 蛋白相结合，以胆红素－Y 蛋白或胆红素－Z 蛋白的形式运往内质网。

2. 肝细胞对胆红素的转化与排泄　被转运到内质网的胆红素，在葡萄糖醛酸转移酶的催化作用下，由尿苷二磷酸葡萄糖醛酸（UDPGA）提供葡萄糖醛酸，生成葡萄糖醛酸胆红素，称为结合胆红素。胆红素与葡萄糖醛酸的结合是肝脏通过生物转化作用对有毒性的胆红素进行的一种根本性的解毒方式。

结合胆红素是极性较强的水溶性物质，易随胆汁排泄，同时不易透过细胞膜，因而毒性降低。结合胆红素可被肾小球滤过。

两种胆红素的不同之处见表 11-1。

表 11-1　未结合胆红素与结合胆红素的区别

性质	未结合胆红素	结合胆红素
是否与葡萄糖醛酸结合	未结合	结合
被肾小球滤过随尿排出	不能	能
与重氮试剂反应	间接反应	直接反应

（四）胆红素在肠中的转变及胆素原的肠肝循环

结合胆红素随胆汁排入肠道后，在肠道细菌的作用下，脱去葡萄糖醛酸基，逐步被还原生成无色的胆素原。大部分胆素原随粪便排出，在肠道下段接触空气后，被氧化为胆素。胆素呈黄褐色，是粪便的主要颜色来源。

肠道中生成的胆素原有 10%～20% 可被肠黏膜细胞重吸收，经门静脉入肝，其中大部分胆素原再随胆汁排入肠腔，构成了胆素原的肠肝循环。进入肝内的胆素原还有小部分进入体循环，随血液流经肾脏随尿排出，称为尿胆素原。尿胆素原接触空气后，被氧化为尿胆素，成为尿液颜色的主要来源（图 11-3）。

临床上将尿胆素原、尿胆素和尿胆红素合称为尿三胆，是鉴别黄疸类型的常用指标。

三、血清胆红素及黄疸

正常人每天体内生成的胆红素经过代谢转变，基本可以完全排出体外，所以血清胆红素总量很低，为 3.4～17.1μmol/L，主要是未结合胆红素。各种病因导致血清总胆红素含量升高，出现皮肤、黏膜、巩膜等组织的黄染现象，称为黄疸。若血清胆红素浓度高于 17.1μmol/L，但不超过 34.2μmol/L 时，肉眼不易观察到黄染现象，称为隐性黄疸。若血清

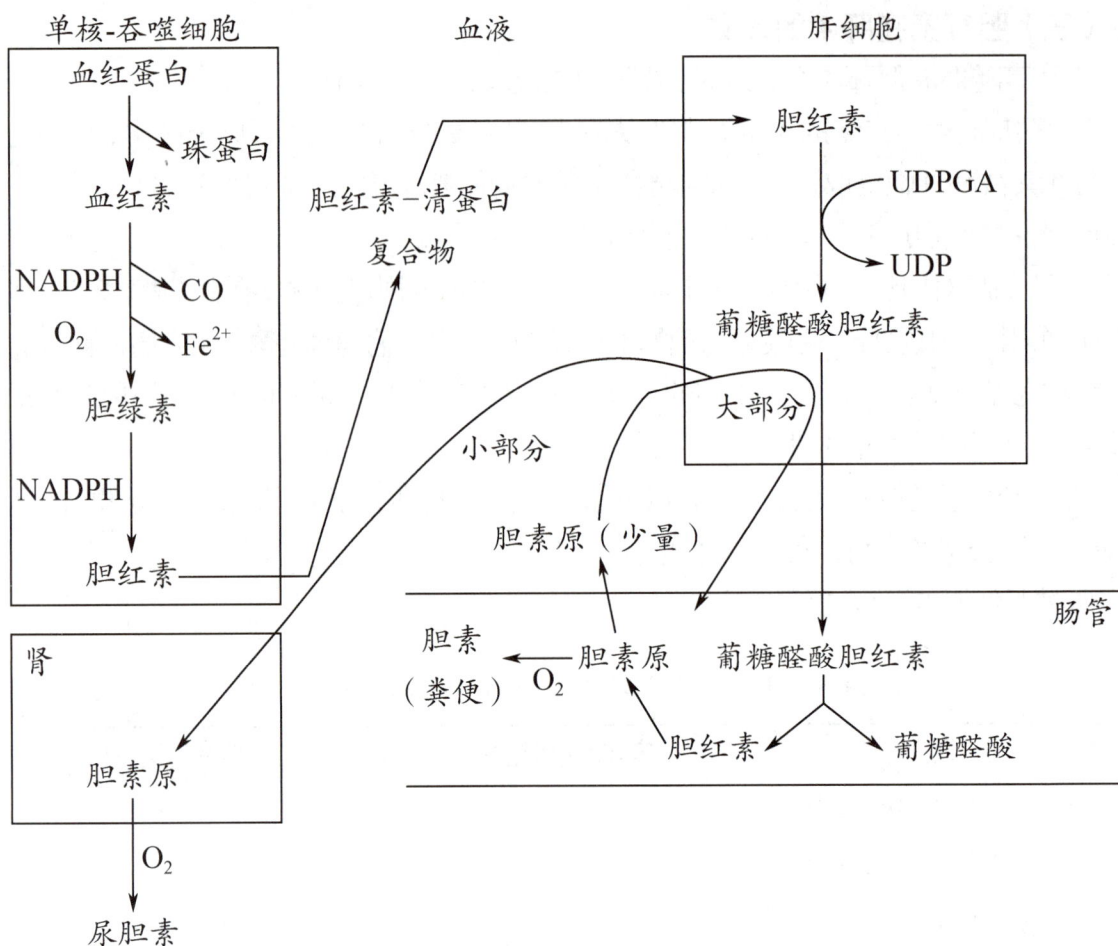

图 11-3　胆色素的代谢

胆红素浓度超过 34.2μmol/L 时，肉眼可以观察到黄染现象，称为显性黄疸。

临床上根据黄疸发生的原因不同，将黄疸分为三种类型。

（一）溶血性黄疸

溶血性黄疸，又称肝前性黄疸。各种原因引起的红细胞大量破坏，造成未结合胆红素生成过多，超过了肝脏的摄取、转化和排泄能力，导致血中未结合胆红素含量增多。

临床特点是血清总胆红素升高，主要是未结合胆红素的升高。因未结合胆红素不能被肾小球滤过，尿胆红素呈阴性反应。肝脏最大限度地处理和排泄胆红素，故肠道内生成的胆素原增多，粪便中排出的胆素原也增多，粪便颜色加深；尿胆素原及尿胆素也相应增多。

某些药物、疾病（如恶性疟疾、过敏、镰状细胞贫血、蚕豆病等）及输血不当等多种因素均有可能引起大量红细胞破坏，导致溶血性黄疸。

（二）阻塞性黄疸

阻塞性黄疸，又称肝后性黄疸，是由于各种原因导致的胆管系统阻塞，使结合胆红素从胆道系统排出困难而反流入血引起的黄疸。

临床特点是血清总胆红素升高，主要是结合胆红素的升高。结合胆红素可被肾小球滤过,尿中胆红素呈阳性。由于排入肠道的结合胆红素减少,肠道中生成的胆素原减少,粪便颜色变浅;胆管完全阻塞时,粪便呈灰白色或白陶土色。尿胆素原及尿胆素也相应减少或缺失。

阻塞性黄疸常见于胆管炎、肿瘤、胆结石或先天性胆管闭锁等疾病。

(三)肝细胞性黄疸

肝细胞性黄疸,又称肝源性黄疸,是由于肝细胞功能受损,造成其摄取、转化与排泄胆红素的能力降低所致的黄疸。

临床特点是血清总胆红素升高,且两种胆红素都升高:一方面,肝细胞摄取、转化未结合胆红素的能力降低,导致血中未结合胆红素含量升高;另一方面,肝细胞肿胀,毛细胆管阻塞,肝内生成的结合胆红素反流入血,导致血中结合胆红素含量也升高。尿中胆红素呈阳性。由于肝功能障碍,排入肠道的结合胆红素减少,肠道内生成的胆素原减少,粪便颜色变浅;尿中胆素原的变化不固定。

肝细胞性黄疸常见于肝实质性疾病如各种肝炎肝硬化、肝肿瘤及中毒(如氯仿、四氯化碳)等引发的肝损伤。

三种类型黄疸血、尿、粪胆色素的实验室检查变化见表11-2。

表11-2　三种类型黄疸血、尿、粪胆色素的实验室检查变化

类型	血清胆红素		尿三胆			粪便颜色
	未结合胆红素	结合胆红素	尿胆红素	尿胆素原	尿胆素	
正常	正常	极少	−	少量	少量	正常
溶血性黄疸	↑↑	正常	−	↑	↑	加深
阻塞性黄疸	正常	↑↑	++	↓	↓	变浅或白陶土色
肝细胞性黄疸	↑	↑	++	不定	不定	变浅

注:"−"代表阴性,"++"代表强阳性。

临床应用

新生儿黄疸

黄疸是新生儿出生后的常见症状,临床上分为生理性黄疸和病理性黄疸。

生理性黄疸是新生儿时期特有的一种现象,一般在新生儿出生后2~3d出现,4~5d达到高峰期,7~10d消退。这是因为胎儿在宫内低氧,导致血液中红细胞生成过多,而且红细胞多不成熟,易被破坏。胎儿出生后,这类红细胞多被破坏,造成胆红素生成过多;另一方面,新生儿肝功能不成熟,胆红素代谢有限,造成新生儿黄疸现象。

病理性黄疸在新生儿出生后随时出现，持续时间长，危害大。婴儿表现为嗜睡、食欲差、尖叫、四肢抽搐，严重时造成呼吸衰竭而死亡。游离胆红素能通过血脑屏障侵入脑组织，使脑的基底核黄染，会引起胆红素脑病，造成不可逆性脑损伤，往往留有后遗症。

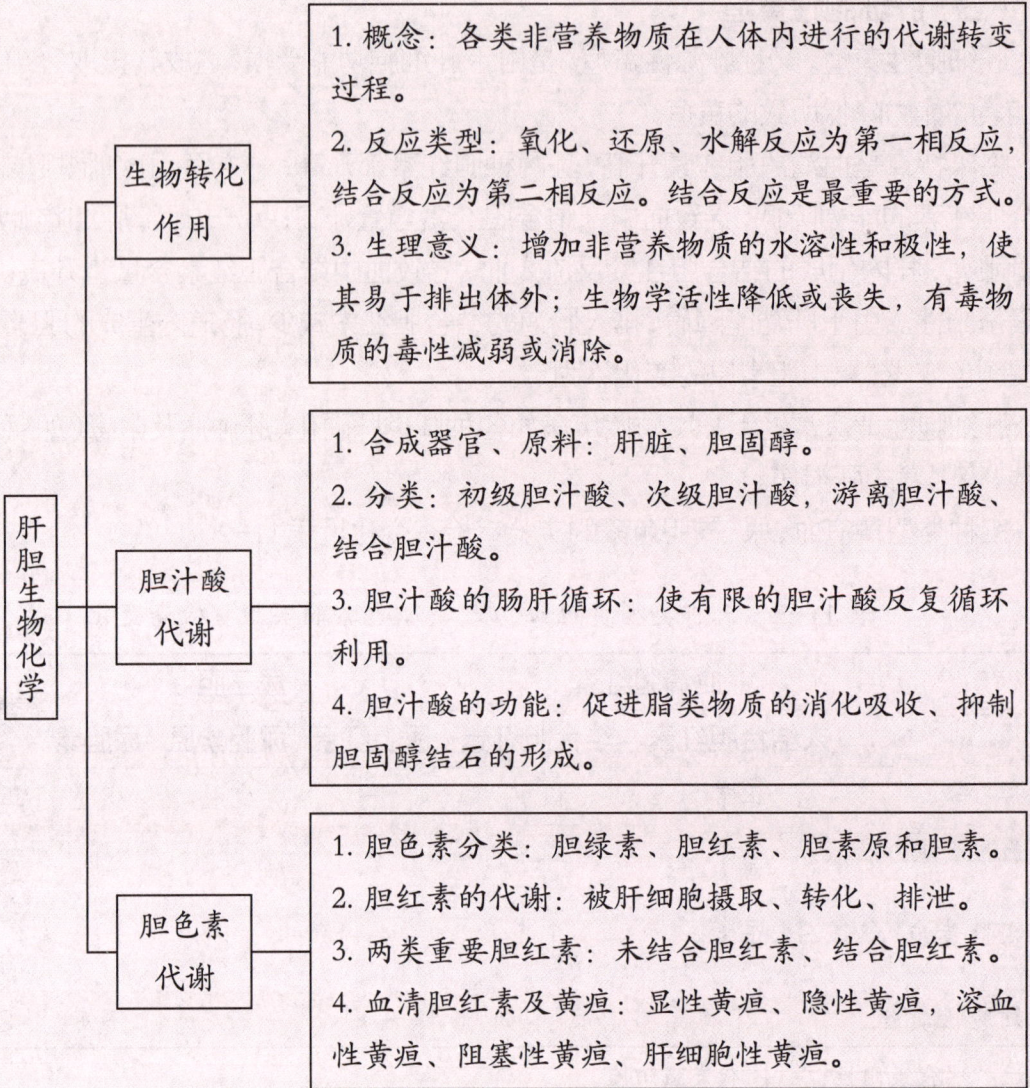

章末小结

肝胆生物化学

生物转化作用
1. 概念：各类非营养物质在人体内进行的代谢转变过程。
2. 反应类型：氧化、还原、水解反应为第一相反应，结合反应为第二相反应。结合反应是最重要的方式。
3. 生理意义：增加非营养物质的水溶性和极性，使其易于排出体外；生物学活性降低或丧失，有毒物质的毒性减弱或消除。

胆汁酸代谢
1. 合成器官、原料：肝脏、胆固醇。
2. 分类：初级胆汁酸、次级胆汁酸，游离胆汁酸、结合胆汁酸。
3. 胆汁酸的肠肝循环：使有限的胆汁酸反复循环利用。
4. 胆汁酸的功能：促进脂类物质的消化吸收、抑制胆固醇结石的形成。

胆色素代谢
1. 胆色素分类：胆绿素、胆红素、胆素原和胆素。
2. 胆红素的代谢：被肝细胞摄取、转化、排泄。
3. 两类重要胆红素：未结合胆红素、结合胆红素。
4. 血清胆红素及黄疸：显性黄疸、隐性黄疸，溶血性黄疸、阻塞性黄疸、肝细胞性黄疸。

（柳晓燕）

思考与练习

1. 什么是生物转化作用？生物转化有何生理意义？
2. 胆汁酸有哪些生理功能？胆汁酸的肠肝循环的生理意义是什么？
3. 试述三种黄疸血、尿、粪便各检测指标的变化特点。

附 录

实 验 指 导

实验一　生物化学实验基本知识与操作

【实验目的】

1. 学会生物化学实验的基本知识。

2. 熟练掌握吸量管、离心机的基本操作。

【实验准备】

1. 物品　蒸馏水、待离心液体。

2. 器械　刻度吸管、移液管、微量加样器、普通台式离心机（1 000～4 000r/min）。

3. 环境　干净整洁的实验室环境。

【实验学时】

2学时。

【实验方法与结果】

（一）**实验方法**

1. 吸量管的选择与使用　吸量管是生化实验中常用的玻璃仪器，用于准确移取试液。

（1）刻度吸管：刻度吸管常见容量有10ml、5ml、2ml、1ml、0.5ml等数种。通常将管身标明的总容量分刻为100等份，用作移取非整数量的试液。因厂家不同，分刻度到尖端和刻度不到尖端两种。如刻度到管尖，通常在管壁上标有"吹"字，放液时，必须在试液流完后吹出残留于吸管尖端的试液，使用前须认明。

（2）移液管：吸管中间膨大，管壁只有一条总量标线，准确度较高，常用作移取整数量的试液。常用规格有50ml、25ml、10ml、5ml、2ml、1ml等容量。操作时在放出试液后，吸管尖端在容器内壁上仍需停留10～15s。

以上两种吸量管使用方法如下：用右手拇指和中指靠于吸管标线以上部分，将管尖插入所要移取试液液面以下约1cm处。左手持洗耳球，对准吸管上口，慢慢吸取溶液到刻度以上，立即以右手食指紧按吸管上口。抽出吸管，用滤纸擦干管尖外壁，将管尖靠于试剂瓶颈内壁，右手食指稍作放松，垂直缓慢地将多吸的液体放出，直到凹液面最低处与标线相平时为止。按紧食指，取出吸管，垂直移入准备好的容器中，使管尖与容器内壁接触，让试液自然流出。

（3）微量加样器：又称微量加样枪，是较为精密的取液仪器，规格有1 000μl、500μl、250μl、200μl、100μl、50μl等，最小可为5μl，有固定式和可调式两种类型。目前在临床生化检验中已广泛用于试剂、血清、标准液等微量液体的取样和加液。一管可用多次,每次只需更换塑料吸头。

使用方法:正式使用前,在不吸液状态下,连续按动多次,以保持管内空气工作负压恒定。可调式微量加样枪使用前需旋转按钮调校到所需容量数,或使按钮标线对准所需容量的刻度线。使用时先将塑料吸头套在移液管尖,轻轻转动,以保证密封,然后垂直握住移液管,将按钮按到第一停止点,并把吸头浸入到液面以下 2~3mm,缓缓地放松按钮使之复位,1s 后取出加样枪,即完成取样。最后将吸头移至准备好的容器壁上,缓慢地把按钮按到第一停止点,再往下按到底,排尽全部液体。吸头沿容器壁向上滑动、离开、放松按钮,使之复位,即完成一次操作过程。吸取另一种试液应更换一只塑料吸头,不使用时,应套上吸嘴,以保持管内清洁。

2. 离心机使用　选用普通台式电动离心机(1 000~4 000r/min),示教放置离心机的位置应平稳、坚固,外接电源应为三眼插座,且地线接地良好。

(1)使用前应先检查调速旋钮(手柄)是否在起点位置"0"处,外套筒有无破损,检查套管与离心管大小是否相配,有无离心后的破碎残留物,如有应清理干净,其底部应铺有橡皮软垫。

(2)取出离心机的全部套管,在无负荷条件下开动离心机(3 000r/min),检查转动是否平稳。

(3)检查合格后,将盛有离心液的离心管 2 支分别放入离心套管中,然后在台式天平上进行平衡,较轻的一侧可在离心管与外套管之间加水,直至两侧重量相等为止。

(4)将已平衡的一对离心管套(连同其内容物)按对称方法放入离心机的插孔中。不用的套管取出,盖上机盖,开动离心机。旋动按钮时须逐步增加转数,直至所需标准。离心完毕,将转速旋钮逐步调回至零。待离心机自动停稳(不可用手按压)后,取出离心管。用完后,倒立外套管,使其干燥存放。

(二)实验结果及分析

1. 练习正确选择和使用吸量管,并分析使用吸量管出现误差的原因。

2. 练习离心机的操作方法。

(刘保东)

实验二　酶的专一性及影响酶促反应速度的因素

【实验目的】

1. 学会实验操作方法,并分析实验结果。

2. 验证酶的专一性和温度、pH 对酶促反应速度的影响。

【实验准备】

1. 物品

(1)1% 淀粉溶液:称取可溶性淀粉 1g,加 5ml 蒸馏水调成糊状,徐徐倒入 80ml 煮沸的蒸馏水中,不断搅拌,待其溶解后,加蒸馏水至 100ml。此液应新鲜配制,防止污染。

(2)1% 蔗糖溶液:称取蔗糖 1g,加蒸馏水至 100ml 溶解。

(3)pH 为 4.8 的缓冲液:取 0.2mol/L 的磷酸氢二钠溶液 98.6ml,0.1mol/L 的柠檬酸溶液 101.4ml,混匀。

(4)pH 为 6.8 的缓冲液:取 0.2mol/L 的磷酸氢二钠溶液 154.5ml,0.1mol/L 的柠檬酸溶液 45.5ml,混匀。

(5)pH 为 8.0 的缓冲液:取 0.2mol/L 的磷酸氢二钠溶液 194.5ml,0.1mol/L 的柠檬酸溶液 5.5ml,混匀。

酶的专一性

（6）稀释碘液：称取碘 1g，碘化钾 2g，溶于 300ml 蒸馏水中。

（7）班氏试剂：溶解结晶硫酸铜（$CuSO_4 \cdot 5H_2O$）17.3g 于 100ml 热的蒸馏水中，冷却后加水至 150ml 为 A 液。取柠檬酸钠 173g 和无水碳酸钠 100g，加蒸馏水 600ml，加热溶解，冷却后加水至 850ml 为 B 液。将 A 液缓缓倒入 B 液中，混匀。

2. 器械　试管、试管架、漏斗、烧杯、滴管、棉花、记号笔、恒温水浴锅、冰块、电炉、石棉网、铁架台等。

3. 环境　干净整洁的实验室环境。

【实验学时】

2 学时。

【实验原理】

1. 酶的专一性　是指一种酶只能对一种或一类化合物起作用，而不能对其他化合物起作用。如淀粉酶只能催化淀粉水解，而对蔗糖的水解无催化作用。

实验以唾液淀粉酶（含淀粉酶和少量麦芽糖酶）对淀粉的作用为例说明酶的专一性。淀粉和蔗糖都无还原性，但淀粉水解产物葡萄糖，蔗糖水解产物果糖和葡萄糖，均为还原性糖，能与班氏试剂反应，生成砖红色的氧化亚铜沉淀。

2. 温度、pH 对酶促反应速度的影响　淀粉在淀粉酶催化下水解可生成麦芽糖。水解过程中，淀粉分子量逐渐变小，形成若干分子量不等的过渡性产物：糊精。向反应体系加入碘液可检查淀粉的水解程度，呈色如下：

淀粉→紫色糊精→红色糊精→麦芽糖

遇碘呈色：蓝色　　　紫色　　　红色　　　无色

（中间产物也可呈蓝紫色、棕红色等过渡颜色）

在不同温度、酸碱度下，唾液淀粉酶活性不同，淀粉水解程度有差异。因此，通过反应颜色可判断淀粉被水解的程度，进而了解温度、pH 对酶促反应的影响。

【实验方法与结果】

（一）实验方法

1. 稀释唾液制备　将漏斗置于铁架台，取适量棉花塞于漏斗底部。漱口后含蒸馏水 30ml 约 2min，吐入漏斗，漏斗下方置试管收集滤液备用。

2. 煮沸唾液制备　取上述稀释唾液 5ml，放入沸水浴中煮沸 5min，取出备用。

3. 验证酶的专一性　取试管 3 支，用记号笔编号，按实验表 2-1 操作。

实验表 2-1　验证酶的专一性实验操作

加入试剂	试管 1	试管 2	试管 3
pH 为 6.8 缓冲液	20 滴	20 滴	20 滴
1% 淀粉溶液	10 滴	10 滴	—
1% 蔗糖溶液	—	—	10 滴
稀释唾液	5 滴	—	5 滴
煮沸唾液	—	5 滴	—

摇匀，置37℃水浴15min，取出后各管加班氏试剂20滴，沸水浴2～3min。取出观察实验结果。

4. 温度对酶促反应速度的影响　唾液淀粉酶的最适温度在37℃左右，分别在37℃、0℃、100℃环境中进行酶促反应。

（1）取试管3支，编号，各管加入pH 6.8缓冲液20滴和1%淀粉溶液10滴。

（2）将1号管置于37℃恒温水浴中，2号管放入沸水浴中，3号管放入冰水中。

（3）5min后取出，各管加稀释唾液5滴，放回原处。

（4）10min后取出，各管加碘液1滴，轻轻摇匀后观察实验结果。

5. pH对酶促反应速度的影响　唾液淀粉酶的最适pH为6.8，分别在pH 4.8、pH 6.8、pH 8.0的环境中进行酶促反应。取试管3支，用记号笔编号，按实验表2-2操作。

实验表2-2　观察pH对酶促反应速度的影响实验操作

加入试剂	试管1	试管2	试管3
pH 4.8缓冲液	20滴	—	—
pH 6.8缓冲液	—	20滴	—
pH 8.0缓冲液	—	—	20滴
1%淀粉溶液	10滴	10滴	10滴
稀释唾液	5滴	5滴	5滴

摇匀，置37℃水浴15min，取出后各管加稀释碘液1滴，轻轻摇匀后观察结果。

（二）实验结果及分析

请将实验结果填入实验表2-3，并分析实验现象产生的原因。

实验表2-3　酶的专一性及影响酶促反应速度的因素实验结果

实验内容	试管1	试管2	试管3
酶的专一性			
温度对酶促反应速度的影响			
pH对酶促反应速度的影响			

（张亚平）

实验三　血糖的测定

【实验目的】

1. 学会葡萄糖氧化酶法测定血糖的原理。

2. 熟练掌握血糖测定的基本操作。

【实验准备】

1. 物品　滤纸、擦镜纸、生理盐水、质控血清、工作液、记号笔、待测血清、吸耳球。

2. 器械　分光光度计、比色杯、恒温水浴箱、计时器、微量加样枪、加样 Tip 头、刻度吸管、废液缸、锐器盒、试管。

3. 环境　干净整洁的实验室环境。

【实验学时】

2 学时。

【实验原理】

葡萄糖氧化酶（GOD）将葡萄糖氧化为葡萄糖酸和 H_2O_2，后者在 4- 氨基安替比林和酚存在下，经过氧化物酶（POD）催化氧化为红色醌类化合物，其颜色深浅在一定范围内与葡萄糖的含量成正比，与同样处理的标准管比较，即可求得标本中葡萄糖浓度。

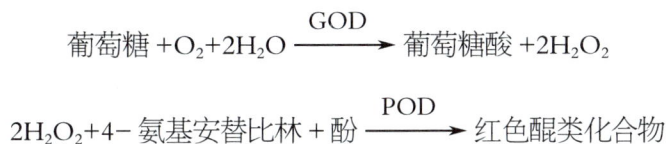

$$葡萄糖 +O_2+2H_2O \xrightarrow{GOD} 葡萄糖酸 +2H_2O_2$$

$$2H_2O_2+4-氨基安替比林 + 酚 \xrightarrow{POD} 红色醌类化合物$$

【实验方法与结果】

（一）实验方法

1. 标本收集与处理

（1）标本收集：测定空腹血糖时，患者需禁食 8h 以上。如测定随机血糖，患者无特殊要求（建议使用带分离胶的真空采血管，并及时分离血清，可防止血细胞对葡萄糖的酵解）。若用血浆标本，推荐用草酸钾 - 氟化钠抗凝较好，可抑制血细胞（主要是白细胞）对葡萄糖的酵解。

（2）标本处理：3 000r/min 离心 10min 分离血清（浆）备用。采血后应立即（一般要求在 1h 内）分离出血清（或血浆）进行检测。如不能及时检测可置冰箱，在 2～8℃下可稳定 3d 以上。

2. 标本检测

（1）加样：取三支干净的试管，编号后按实验表 3-1 进行加样。

实验表 3-1　葡萄糖氧化酶法操作步骤

加入物 /ml	测定管（U）	标准管（S）	空白管（B）
待测血清	0.02	—	—
质控血清	—	0.02	—
生理盐水	—	—	0.02
工作液	3.0	3.0	3.0

（2）水浴：混匀，置 37℃水浴 10min，水浴完成后用滤纸将试管外水渍擦净。

（3）比色：用分光光度计进行比色，波长 505nm。将试管内试剂摇匀，分别倒入比色杯中，并用擦镜纸擦拭透明面，按顺序放入分光光度计内，以空白管调零，分别读取测定管、标准管的吸光度（A）值。

（4）收拾桌面：将废液倒入废液缸，试管扔入锐器盒，擦净桌面。

（二）实验结果及分析

1. 结果

（1）计算：血清葡萄糖（mmol/L）=$A_测/A_标 × C_标$。

（2）参考区间：空腹血糖为 3.9~6.1mmol/L。

2. 分析　实验结果的准确性如何？试分析原因。

（孙江山）

实验四　肝中酮体的生成作用

【实验目的】

1. 学会实验操作方法，并分析实验结果。

2. 验证酮体的生成是肝脏特有的功能。

【实验准备】

1. 物品

（1）实验动物（家兔或豚鼠 1 只）。

（2）0.9% 氯化钠溶液。

（3）洛克溶液：取氯化钠 0.9g、氯化钾 0.042g、氯化钙 0.024g、碳酸氢钠 0.02g 及葡萄糖 0.1g 混合，加少量蒸馏水溶解后，再加蒸馏水稀释至 100ml。

（4）0.5mol/L 丁酸溶液：取 44.0g 正丁酸，溶于适量 0.1mol/L 氢氧化钠溶液中，再加 0.1mol/L 氢氧化钠溶液稀释至 1 000ml。

（5）pH 7.6 的磷酸盐缓冲液：准确称取 $Na_2HPO_4 \cdot 2H_2O$ 7.74g 和 $NaH_2PO_4 \cdot H_2O$ 0.897g，加蒸馏水稀释至 500ml，精确测定 pH。

（6）15% 三氯醋酸溶液。

（7）显色粉：亚硝基铁氰化钠 1g，无水碳酸钠 30g，硫酸铵 50g，混合研匀。

2. 器械　手术剪、试管架、试管、记号笔、滴管、研钵、离心机、恒温水浴箱、反应板。

3. 环境　干净整洁的实验室环境。

【实验学时】

2学时。

【实验原理】

实验以丁酸为底物，与新鲜肝匀浆（含酮体生成酶系）混合后保温，即有酮体生成。酮体可与显色粉中的亚硝基铁氰化钠反应，生成紫红色化合物。肌肉匀浆里不含催化酮体生成的酶系，不能催化丁酸生成酮体，故不产生显色反应。

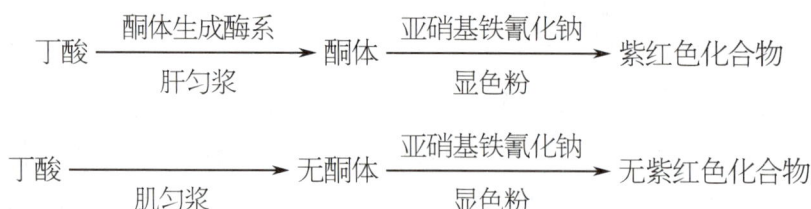

$$丁酸 \xrightarrow[\text{肝匀浆}]{\text{酮体生成酶系}} 酮体 \xrightarrow[\text{显色粉}]{\text{亚硝基铁氰化钠}} 紫红色化合物$$

$$丁酸 \xrightarrow[\text{肌匀浆}]{} 无酮体 \xrightarrow[\text{显色粉}]{\text{亚硝基铁氰化钠}} 无紫红色化合物$$

【实验方法与结果】

（一）实验方法

1. 制备肝匀浆和肌匀浆　取家兔（或豚鼠），猛击脑后致死，迅速取其肝和肌肉组织，用 0.9% 氯化钠溶液冲洗除去血渍并剪碎，分别放入匀浆器或研钵内，按 1（g）:3（ml）的比例加入 0.9% 氯化钠溶液,充分研磨,制成肝匀浆和肌匀浆。

2. 操作步骤

(1)取4支试管,编号,按实验表4-1分别加入各种试剂(单位:滴)。

实验表4-1　酮体生成的实验操作

加入试剂	试管1	试管2	试管3	试管4
洛克溶液	15	15	15	15
0.5mol/L 丁酸溶液	30	—	30	30
pH 7.6 的磷酸盐缓冲液	15	15	15	15
肝匀浆	20	20	—	—
肌匀浆	—	—	—	20
蒸馏水	—	30	20	—

(2)将各管摇匀,放置于37℃恒温水浴箱中保温40min。

(3)取出各管,分别加入15%三氯醋酸溶液20滴,摇匀。

(4)离心,3 000r/min,5min。

(5)用滴管分别吸取上述4管中的上清液各10滴,滴于白瓷反应板的4个凹槽中,再向各凹槽中分别加显色粉约0.1g,观察所产生的颜色反应。

(二)实验结果及分析

分别记录4支试管溶液的显色情况,试用实验现象解释酮体生成的部位及意义。

(柳晓燕)

教学大纲（参考）

一、课程性质

生物化学基础是中等职业教育护理专业学生必修的一门专业基础课程。本课程主要阐述生物大分子的结构和功能、物质代谢与能量代谢、遗传信息的传递以及与护理学有关的生物化学知识和基本技能。本课程的任务是培养学生良好的职业道德，能运用化学的原理和方法，从分子水平探讨生命现象的本质，进而揭示生命活动的规律。通过学习使学生具备从事护理专业工作所必需的生物化学基本知识、基本理论和基本技能，激发学生对复杂生命现象的兴趣，培养良好的学习习惯、科学的思维方法和严谨的工作态度，以及运用生物化学知识分析问题、解决问题的能力，并为后续医学课程的学习奠定基础。

二、课程目标

寓价值观引导于知识传授和能力培养之中，通过本课程的学习，使学生能够达到下列要求：

（一）知识目标

1. 掌握人体的化学组成、生物大分子的结构与功能。
2. 熟悉人体内物质代谢与能量代谢的主要过程、规律及其生理意义。
3. 了解新陈代谢与疾病发生的关系、重要的临床生化指标、生物化学知识在护理工作中的应用。

（二）能力目标

1. 学会运用生物化学知识分析和解决问题。
2. 学会使用常见的生物化学实验仪器。
3. 熟练掌握生物化学实验的基本操作。

（三）素质目标

1. 具有敬佑生命、救死扶伤、甘于奉献、大爱无疆的职业精神和良好的职业道德。
2. 具有仁爱之心、良好的人际沟通能力和团结协作的工作作风。
3. 具有过硬的技术、科学的思维方法和严谨的工作态度。

三、学时安排

教学内容	学时		
	理论	实践	合计
1. 绪论	1		1
2. 蛋白质的结构与功能	3	2	5
3. 核酸的结构与功能	2		2
4. 酶	3	2	5
5. 生物氧化	3		3
6. 糖代谢	4		4
7. 脂类代谢	4		4
8. 核酸代谢	2		2

教学内容	学时		
	理论	实践	合计
9. 蛋白质代谢	4		4
10. 水盐代谢和酸碱平衡	2		2
11. 肝胆生物化学	2	2	4
合计	30	6	36

四、课程内容和要求

单元	教学内容	教学要求	教学活动参考	参考学时	
				理论	实践
一、绪论	（一）概述		理论讲授	1	
	1. 生物化学的概念	掌握	多媒体演示		
	2. 生物化学研究的内容	熟悉	分析讨论		
	（二）生物化学发展简史				
	1. 生物化学发展概要	了解			
	2. 我国对生物化学发展的贡献	了解			
	（三）生物化学与医学				
	1. 生物化学与护理工作	了解			
	2. 生物化学与健康	了解			
二、蛋白质的结构与功能	（一）蛋白质的分子组成		理论讲授	3	
	1. 蛋白质的元素组成	掌握	案例教学		
	2. 蛋白质的基本组成单位——氨基酸	掌握	多媒体演示		
	（二）蛋白质的分子结构与功能		分析讨论		
	1. 蛋白质的分子结构	掌握			
	2. 蛋白质的功能	熟悉			
	3. 蛋白质结构与功能的关系	了解			
	（三）蛋白质的重要理化性质				
	1. 蛋白质两性电离与等电点	了解			
	2. 蛋白质的亲水胶体性质	了解			
	3. 蛋白质的变性、凝固与沉淀	熟悉			
	实验1. 生物化学实验基本知识与操作	熟练掌握	技能操作		2
三、核酸的结构与功能	（一）核酸的分子组成		理论讲授	2	
	1. 核酸的元素组成	熟悉	案例教学		
	2. 核酸的基本组成单位——核苷酸	掌握	多媒体演示		
	3. 某些重要的核苷酸	了解	分析讨论		
	4. 核酸分子中核苷酸的连接方式	熟悉			

单元	教学内容	教学要求	教学活动参考	参考学时	
				理论	实践
	（二）核酸的分子结构与功能				
	1. DNA 的结构与功能	掌握			
	2. RNA 的结构与功能	掌握			
四、酶	（一）概述		理论讲授 案例教学 多媒体演示 分析讨论	3	
	1. 酶的作用与本质	掌握			
	2. 酶促反应的特点	掌握			
	3. 酶促反应的机制	熟悉			
	4. 酶的命名	了解			
	（二）酶的分子结构与功能				
	1. 酶的分子组成	熟悉			
	2. 酶的活性中心与必需基团	掌握			
	3. 同工酶与关键酶	掌握			
	（三）影响酶促反应速度的因素				
	1. 底物浓度的影响	了解			
	2. 酶浓度的影响	了解			
	3. 温度的影响	熟悉			
	4. pH 的影响	熟悉			
	5. 激活剂的影响	了解			
	6. 抑制剂的影响	熟悉			
	（四）酶与医学的关系				
	1. 酶与疾病的发生	了解			
	2. 酶与疾病的诊断	了解			
	3. 酶与疾病的治疗	了解			
	实验 2. 酶的专一性及影响酶促反应速度的因素	学会	技能操作		2
五、生物氧化	（一）概述		理论讲授 案例教学 多媒体演示 分析讨论	3	
	1. 生物氧化的概念和方式	掌握			
	2. 生物氧化的特点	熟悉			
	3. 生物氧化的一般过程				
	（二）生物氧化中 H_2O 的生成	熟悉			
	1. 呼吸链的概念	掌握			
	2. 呼吸链的组成	了解			

单元	教学内容	教学要求	教学活动参考	参考学时	
				理论	实践
	3. 呼吸链中氢、电子的传递与 H_2O 的生成				
	（三）生物氧化中 ATP 的生成	了解			
	1. 高能键和高能化合物	了解			
	2. ATP 的生成				
	3. 能量的转移、储存和利用				
	（四）生物氧化中 CO_2 的生成				
	1. 单纯脱羧				
	2. 氧化脱羧				
六、糖代谢	（一）概述		理论讲授 案例教学 多媒体演示 分析讨论	4	
	1. 糖的分类和生理功能	熟悉			
	2. 糖代谢概况	熟悉			
	（二）糖的分解代谢				
	1. 糖的无氧氧化	掌握			
	2. 糖的有氧氧化	掌握			
	3. 磷酸戊糖途径	了解			
	（三）糖原代谢				
	1. 糖原的合成	了解			
	2. 糖原的分解	了解			
	3. 糖原合成与分解的生理意义	熟悉			
	（四）糖异生作用				
	1. 糖异生作用的概念	了解			
	2. 糖异生途径	掌握			
	3. 糖异生作用的生理意义				
	（五）血糖及其调节	掌握			
	1. 血糖的来源与去路	了解			
	2. 血糖水平的调节	了解			
	3. 常见糖代谢异常				
	实验3. 血糖的测定（选学）	学会	技能操作		2
七、脂类代谢	（一）概述		理论讲授 案例教学 多媒体演示 分析讨论	4	
	1. 脂类的分类和生理功能	掌握			
	2. 脂肪代谢概况	了解			
	（二）甘油三酯代谢				
	1. 甘油三酯的分解	熟悉			

单元	教学内容	教学要求	教学活动参考	参考学时	
				理论	实践
	2. 甘油三酯的合成	了解			
	（三）类脂代谢				
	1. 甘油磷脂的代谢	了解			
	2. 胆固醇的代谢	熟悉			
	（四）血脂与血浆脂蛋白				
	1. 血脂的组成与含量	熟悉			
	2. 血浆脂蛋白	掌握			
	3. 常见脂类代谢异常	了解			
八、核酸代谢	（一）概述		理论讲授 案例教学 多媒体演示 分析讨论	2	
	1. 核酸的消化吸收	了解			
	2. 核苷酸代谢概况	熟悉			
	（二）核苷酸代谢				
	1. 核苷酸的分解	了解			
	2. 核苷酸的合成	掌握			
	（三）核酸的生物合成				
	1. DNA 的生物合成	熟悉			
	2. RNA 的生物合成	熟悉			
九、蛋白质代谢	（一）概述		理论讲授 案例教学 多媒体演示 分析讨论	4	
	1. 蛋白质的消化吸收	了解			
	2. 氨基酸代谢概况	掌握			
	（二）氨基酸代谢				
	1. 氨基酸的一般代谢	掌握			
	2. 个别氨基酸的代谢	熟悉			
	（三）蛋白质的生物合成				
	1. RNA 在蛋白质生物合成中的作用	熟悉			
	2. 蛋白质的生物合成过程	了解			
十、水盐代谢和酸碱平衡	（一）水代谢		理论讲授 案例教学 多媒体演示 分析讨论	2	
	1. 水的生理功能	熟悉			
	2. 水的平衡	掌握			
	（二）无机盐代谢				
	1. 无机盐的生理功能	熟悉			
	2. 钠、氯、钾的代谢	掌握			
	3. 钙、磷的代谢	熟悉			

单元	教学内容	教学要求	教学活动参考	参考学时	
				理论	实践
	（三）酸碱平衡				
	1. 体内酸碱物质的来源	掌握			
	2. 酸碱平衡的调节	熟悉			
	3. 酸碱平衡的主要生化指标	了解			
十一、肝胆生物化学	（一）生物转化作用		理论讲授 案例教学 多媒体演示 分析讨论	2	
	1. 生物转化的概念	掌握			
	2. 生物转化的反应类型	了解			
	3. 生物转化的生理意义	掌握			
	（二）胆汁酸代谢				
	1. 胆汁	了解			
	2. 胆汁酸的生成及肠肝循环	了解			
	3. 胆汁酸的生理功能	掌握			
	（三）胆色素代谢				
	1. 胆色素的概念	熟悉			
	2. 胆红素代谢	熟悉			
	3. 血清胆红素及黄疸	熟悉			
	实验 4. 肝中酮体的生成作用	学会	技能操作		2

五、说明

（一）教学安排

本教学大纲主要供中等卫生职业教育护理专业教学使用，第 2 学期开设，总学时为 36 学时，其中理论教学 30 学时，实践教学 6 学时（设置 4 个实验项目，可根据实际教学情况灵活选择）。各学校根据专业培养目标和教学实践条件，可适当调整学时。

（二）教学要求

1. 全面落实课程思政建设要求，教学中应注意呈现思政元素，实现德、识、能三位一体育人。本课程对理论部分教学要求分为掌握、熟悉、了解三个层次。掌握：指对生物化学基本知识、基本理论有较深刻的认识，并能综合、灵活地运用所学知识解决实际问题。熟悉：指能够领会生物化学概念、原理的基本含义。了解：指对生物化学基本知识、基本理论能有一定的认识，能够记忆所学的知识要点。

2. 对实践技能部分的要求分为熟练掌握、学会两个层次。熟练掌握指能够独立规范地进行生物化学实验操作。学会指在教师指导下能初步实施生物化学所学实验操作。

（三）教学建议

1. 本课程依据护理岗位的工作任务、职业能力要求，强调理论实践一体化。教师在教学中不仅要重视基本知识和基本技能的学习、理论知识与专业的结合，更应突出职业应用能力的培养。根据护理人才培养目标、教学内容和学生的学习认知特点，以够用为原则，针对性地讲解理论知识，避免高深烦琐的推导、分析和解释。注重医学中生物化学知识和现象的讲授,体现生物化学科学在医学领域,尤其是在护理实践中的重要意义。

2. 本课程注重强调学生运用生物化学知识解释日常生活、临床现象和护理实践的能力。考核评价应体现评价主体、评价过程及评价方式的多元化,要突出能力,降低知识难度,评价内容务求适用,尽量围绕医学中的生物化学知识和现象进行,尤其是护理过程中的生物化学知识的运用。

参 考 文 献

[1] 何旭辉,吕士杰. 生物化学[M]. 7版. 北京:人民卫生出版社,2014.

[2] 艾旭光,王春梅. 生物化学基础[M]. 3版. 北京:人民卫生出版社,2015.

[3] 蔡太生,张申. 生物化学[M]. 北京:人民卫生出版社,2015.

[4] 张又良,郭桂平. 生物化学[M]. 北京:人民卫生出版社,2016.

[5] 艾旭光,姚德欣. 生物化学及检验技术[M]. 3版. 北京:人民卫生出版社,2017.

[6] 莫小卫,方国强. 生物化学基础[M]. 3版. 北京:人民卫生出版社,2017.

[7] 高国全. 生物化学[M]. 4版. 北京:人民卫生出版社,2017.

[8] 王春梅,孙红梅. 生物化学基础[M]. 北京:人民卫生出版社,2018.

[9] 周春燕,药立波. 生物化学与分子生物学[M]. 9版. 北京:人民卫生出版社,2018.

[10] 赵汉芬. 生物化学[M]. 2版. 北京:人民卫生出版社,2011.

[11] 吕士杰,王志刚. 生物化学[M]. 8版. 北京:人民卫生出版社,2019.